JN110114

無線・移動通信工学の基礎

大塚裕幸 著

まえがき

スマートフォン，携帯電話は日常生活に必要不可欠なライフラインになりました．その背景には，無線・移動通信技術の発展があります．移動通信システムの伝送速度が高速化され有線のコンピュータネットワーク並みになり，スマートフォン，携帯電話の使い勝手は格段によくなりました．外出先での大容量な情報の入手，リモートワークでのオンラインコミュニケーションもスマートフォンでスムースにできるようになりました．4G LTE に加えて 5G によるサービスが開始され，さらには 6G に向けた研究開発競争も激しくなってきました．このように情報通信ネットワークにおいて，無線・移動通信技術の重要性は高まるばかりです．

本書は，無線通信および移動通信技術について基本を身につける教科書あるいは参考書として執筆しました．本書では，図，表を多用しそれをもとにわかりやすく解説することを心がけ，また理解度を確認するために各章末に演習問題を多く取り入れています．

無線通信に関する専門的な教科書は多数ありますが，本書は大学の学部生を対象にしており，無線・移動通信の分野をできるだけ幅広くカバーし，それらの基本概念，要素技術の基本を理解してもらうことを主眼にしています．なお，無線・移動通信の要素技術の理解を補助するためのコラムを多用しています．コラムでは，高校の数学，物理で学習した内容を紹介し，要素技術との関連性について解説します．また，将来に向けた研究開発項目の一部も紹介します．

セメスター用の教科書として，無線通信工学，移動通信工学それぞれ13回程度の授業回数に対応する内容になっています．章ごとに無線通信，移動通信工学の内容が明確に分かれていませんが，1 章～4 章が主に無線通信工学，5 章～10 章が移動通信工学の授業に対応しています．

1 章「0, 1 のディジタル信号を無線通信で伝送する方法とは」では，電波の基本，アナログ/ディジタル変復調について解説します．2 章「電波のエネルギーはどのように表現すればよいか」では，電磁気学が中心の内容で電波のエネルギーの表現方法について解説します．3 章「電波が距離の 2 乗に反比例して減衰するのはなぜか」では，アンテナの放射特性，受信電力の計算方法について解説します．4章「電波の受信電力が刻々変化するのはなぜか」では，無線・移動通信におけるフェージングの現象について解説します．5章「移動通信はセルラーとも呼ばれる，その理由は」では，移動通信の基本構成とつながる仕組みについて解説します．6章「基地局が多数のユーザ端末と通信できるのはなぜか」では，1対多の通信の仕組み，OFDMの原理について解説します．7章「双方向通信でデータが衝突しない理由は」では，通信の基本となる双方向通信について解説します．8章「複数アンテナの利用ですべてが変わる」では，通信品質あるいは伝送速度を向上させる複数アンテナ技術の構成とその効果について解説します．9章「ネットワーク技術とは」では，主にモバイルネットワークのシステム容量を向上させる手法について解説します．10章「無線信号は光ファイバで伝送できるか」では，光ファイバと無線通信技術の融合について解説します．

本書が，無線・移動通信を含む情報通信ネットワークの分野で将来を背負う諸君の座右の書となり日本国内はもちろんグローバルで活躍されることを期待しています．最後に，本書の出版にあたっては，株式会社オーム社の皆さんに大変お世話になりました．深く感謝申し上げます．

2023年3月

著者しるす

※本書の演習問題の解答は，オーム社HP（https://www.ohmsha.co.jp/book/9784274230356/）よりダウンロード可能です．

目次

1章　0, 1のディジタル信号を無線通信で伝送する方法とは

2章　電波のエネルギーはどのように表現すればよいか

3章　電波が距離の2乗に反比例して減衰するのはなぜか

4章 電波の受信電力が刻々変化するのはなぜか

5章 移動通信はセルラーとも呼ばれる，その理由は

6章 基地局が多数のユーザ端末と通信できるのはなぜか

7章 双方向通信でデータが衝突しない理由は

8章 複数アンテナの利用ですべてが変わる

9章 ネットワーク技術とは

10章 無線信号は光ファイバで伝送できるか

第1章

0, 1のディジタル信号を無線通信で伝送する方法とは

コンピュータネットワークでは，0, 1のディジタル信号を使ってデータ伝送します．しかし，電波を用いる無線通信では，0, 1のディジタル信号をそのままの形で伝送することができません．理由は，0, 1のディジタル波形が歪む，あるいは雑音の影響が大きいため，遠くまで電波を飛ばすことができないからです．また，電波の周波数帯域が広がってしまうため，周波数帯域が制限されている無線通信には適合しません．本章では，0, 1のディジタル信号などの情報信号を無線（電波）で伝送する方法について説明します．

1-1　電波法

電波は電磁波の一種で，日本の電波法では周波数が3 THz以下の電磁波を電波と定義しています．電波を用いた公衆の通信サービスには移動通信システム（携帯電話），衛星通信，Wi-Fiなどがあります．また，地上デジタルテレビ放送，ラジオ放送，衛星放送なども電波を利用しています．電波法では，無線局を開設する際に，送信電力，無線周波数などの技術基準を満足した無線設備を有する無線局の免許を受ける必要があります．

一方，産業・科学・医療分野で汎用的に使うために割り当てられた周波数帯をISM（Industrial, Scientific and Medical）バンドと呼び，どの周波数をどのような目的で使用するかは国際電気通信連合（ITU）によって取り決められています．よく使われるISMバンドは2.4 GHz帯，5 GHz帯であり，無線LAN（Wi-Fi），Bluetooth，コードレス電話などで使用されています．

1-2　電波の周波数，波長，および速度

無線通信では電波のもととなる搬送波を用います．搬送波は，ある一定の周波数と振幅を有する基本的な正弦波であり，キャリア（Carrier）とも呼ばれます．搬送波自体は送りたいベースバンド帯の情報信号を有していませんが，情報信号による搬送波の変調という操作を経て電波を送信します．変調については1–5節および1–6節で詳しく説明します．

ここで，電波の周波数，波長，速度について説明します．周波数は，“1秒間に波が何回振動するか”，すなわち“1秒間に繰り返される波の数”を意味します．英語ではfrequencyなのでf〔Hz〕と表記されます．波の周期をT〔s〕とすると，fとTの間には次式が成立します．

$$f=\frac{1}{T} \tag{1·1}$$

電波の波長は波が1周期に進む距離であり，一般的にはλ〔m〕と表記されます．電波の速度をv〔m/s〕とすると，それらの関係は次式で表されます．

$$v=f\cdot\lambda=\frac{\lambda}{T} \tag{1·2}$$

すなわち，vが一定のとき，周波数が高くなるほど波長は短くなり，反対に周波数が低くなれば波長は長くなります．電波も光も同じ電磁波なので，電波の速度は光の速度と同じです．電波の自由空間（真空中）での速度は約3×10^8 m/sです．もう少し正確にいうと，2.99792458×10^8 m/sです．この値をcと表記する場合が多く，自由空間ではfが与えられると$v=c$としてλが求まります．なお，通信の分野では周波数の代わりに角周波数ω〔rad/s〕をよく使います．角周波数は1秒当たりの回転角，すなわち1秒間に進む角度を表しており次式で示されます．

$$\omega=2\pi f=\frac{2\pi}{T} \tag{1·3}$$

また，2πの長さの中に含まれる波の数を波数kと呼び，次式で与えられます．

$$k=\frac{2\pi}{\lambda} \tag{1·4}$$

したがって，式(1·3)と式(1·4)から次式が得られます．

$$\frac{\omega}{k}=\frac{2\pi f}{\frac{2\pi}{\lambda}}=f\cdot\lambda=v \tag{1・5}$$

ω/k は位相速度と呼ばれ，正弦波が一つの場合は波の速度と位相速度は等しいと考えます．

図1・1 は波長 λ の波が，速度 v で時間とともに右方向に進行していることを表しています．$1/10^8$ 秒間に繰り返された波の数は 6 の例であり，λ が 0.5 m になることがわかります．

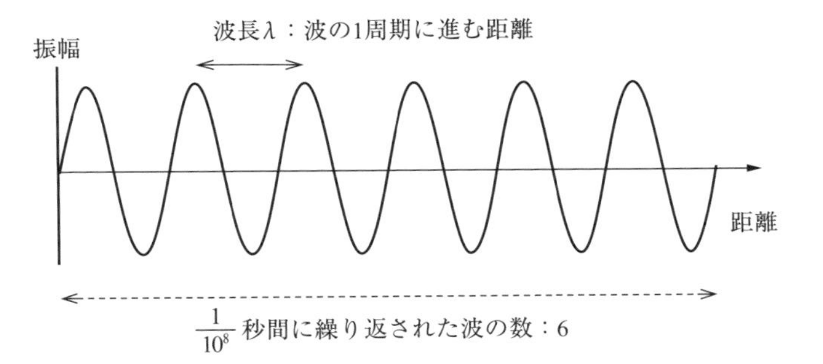

周波数 f は1秒間に繰り返される波の数なので

$$\lambda=\frac{v}{f}=\frac{3\times10^8}{6\times10^8}=0.5\text{m}$$

図1・1　電波の周波数，波長，速度の関係

ある媒質中を電波が伝搬するときは，電波の速度は遅くなります．誘電率 ε，透磁率 μ の媒質中を伝搬するとき，電波の速度 v は次式で与えられます．

$$v=\frac{1}{\sqrt{\varepsilon\mu}}=\frac{1}{\sqrt{\varepsilon_r\varepsilon_0\mu_r\mu_0}}=\frac{c}{\sqrt{\varepsilon_r\mu_r}}\quad\left(\because c=\frac{1}{\sqrt{\varepsilon_0\mu_0}}\right) \tag{1・6}$$

ここで，ε_r，ε_0 はそれぞれ媒質の比誘電率，真空の誘電率を表します．また，μ_r，μ_0 はそれぞれ媒質の比透磁率，真空の透磁率を表します．通常 $\varepsilon_r\mu_r>1$ であるため，真空中に比べて媒質中の電波の速度は遅くなります．

1-3　波形整形とフィルタ

ディジタル通信では情報信号として矩形波パルスを用います．このパルスは伝送帯域の制約を満たすように波形整形されます．理想的な低域フィルタの周波数特性は次式で与えられます．

$$H(f)=\begin{cases}1 & (|f|<W)\\ 0 & (|f|>W)\end{cases} \tag{1·7}$$

ここで，Wは低域遮断周波数と呼びます．さらに，$H(f)$の時間領域の特性を示すインパルス応答$h(t)$は$H(f)$を逆フーリエ変換することにより求めることができます．**図1・2**に矩形波パルスの周波数特性とインパルス応答を示します．

$$h(t)=\frac{1}{2\pi}\int_{-W}^{W}e^{j2\pi ft}df=2W\cdot\frac{\sin 2\pi ft}{2\pi ft} \tag{1·8}$$

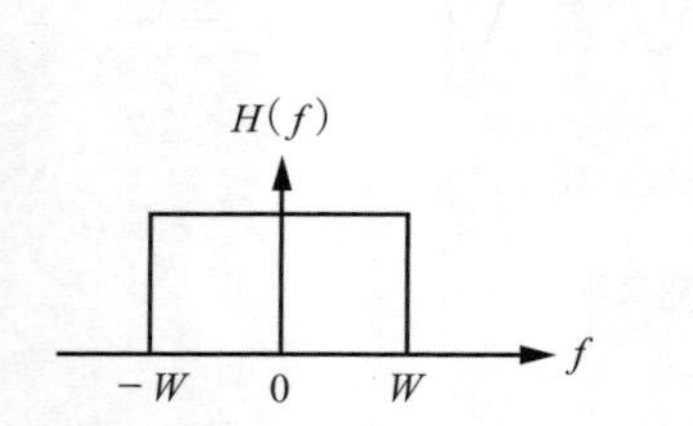

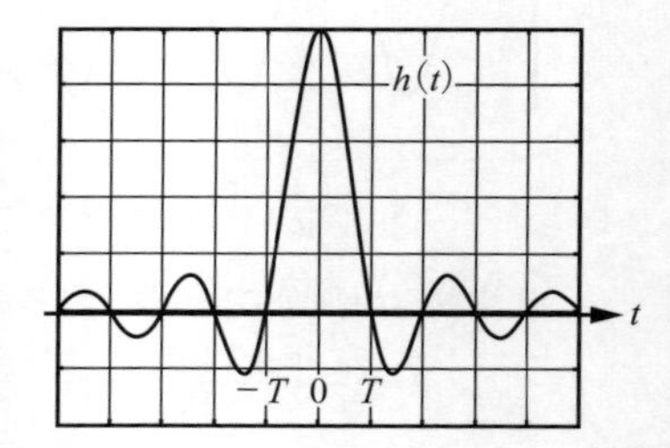

図1・2　理想フィルタとインパルス応答

図1・2を見てわかるように，$h(t)$は$t=0$以外で等間隔にゼロ交叉していることがわかります．これは，$T=1/2W$の時間間隔でパルスを等間隔で連続して送信すれば，パルス間相互の干渉が生じないことを意味します．このTをナイキスト間隔と呼びます．しかしながら，この理想フィルタは物理的に実現不可能です．インパルス応答は$t<0$の領域で0ではない出力を有するため，フィルタの遅延時間が有限とすれば，入力が加わる前に出力が現れることになるからです．

現実的な波形整形フィルタとして，インパルス応答が有限長のロールオフフィルタがあります．これは余弦ロールオフフィルタ，2乗余弦フィルタ（Raised Cosine Filter）とも呼びます．ロールオフフィルタの伝達関数$H_r(f)$は次式で与えられ，その遮断特性はロールオフ率$\alpha(0\leq\alpha\leq1)$により決定されます．**図1・3**にロールオフフィルタの伝達関数の周波数特性を示します．

$$H_r(f) = \begin{cases} \dfrac{1}{2W} & \cdots \quad 0 \le |f| \le (1-\alpha)W \\ \dfrac{1}{4W}\left\{1 - \sin\left(\dfrac{\pi}{2\alpha W}(f-W)\right)\right\} & \cdots \quad (1-\alpha)W \le |f| \le (1+\alpha)W \\ 0 & \cdots \quad (1+\alpha)W \le |f| \end{cases} \tag{1・9}$$

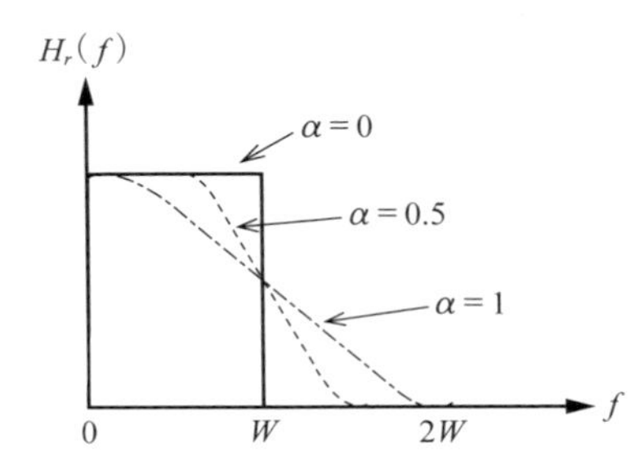

図 1・3 ロールオフフィルタの周波数特性

また，ロールオフフィルタのインパルス応答 $h_r(t)$ は，上式を逆フーリエ変換することにより求まります．

$$h_r(t) = \frac{\sin\dfrac{\pi t}{T}}{\dfrac{\pi t}{T}} \cdot \frac{\cos\dfrac{\alpha\pi t}{T}}{1 - \left(\dfrac{2\alpha t}{T}\right)^2} \tag{1・10}$$

$\alpha = 0$ では，周波数領域において帯域幅が $2W$ の理想ナイキストフィルタになります．α が小さくなると，周波数領域で見ると狭帯域化されますが，時間領域では振幅変動が大きくなり，サンプリング時刻がずれた場合，すなわち標本化する際にタイミング誤差が生じた場合には符号間干渉特性の劣化が大きくなります．

図 1・4 は，T 間隔ごとに 1 と 0 のバイナリーデータを NRZ（Non−Return−to−Zero）符号で送信した場合のアイパターン（Eye Pattern）です．アイパターンは，信号波形の遷移を多数サンプリングし，それらを重ね合わせてオシロスコープなどで表示したものです．図は“eye が開いている”状態で，サンプリングの時刻が多少ずれても情報シンボルごとのデータの判定が誤る確率は小さいです．一方，時間に対する振幅変動やジッタが大きくなると，サンプリングの時刻がずれるとバイナリーデータの判定が誤る確率が増えます．ロールオフフィルタのロールオフ率が小さくなると，インパルス応答 $h_r(t)$ からわかるようにアイが閉じる

ことになり，シンボルごとのデータの判定が誤る確率は増えます．このように，ロールオフフィルタの伝達関数から決まる周波数帯域幅，およびインパルス応答から決まる時間に対する振幅特性の両方から最適なロールオフ率 α を決めます．

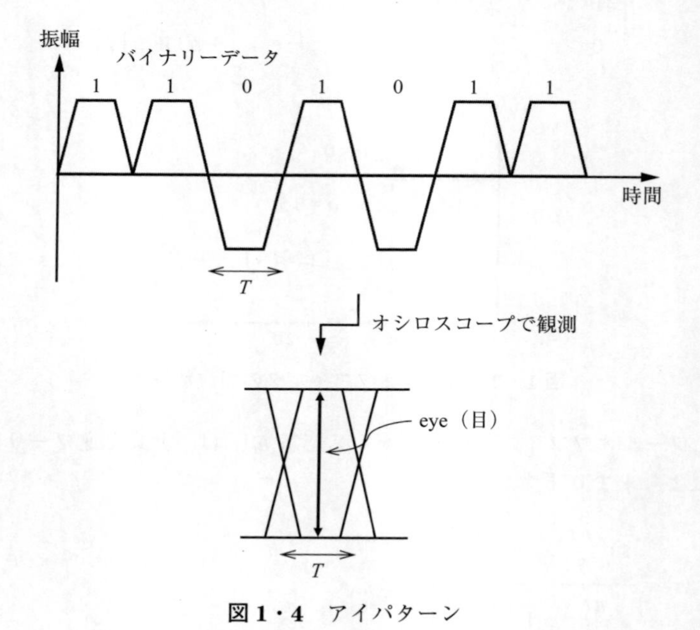

図1・4　アイパターン

無線通信システムでは，受信側で雑音と干渉を除去するためフィルタを用いて帯域制限を行います．すなわち，**図1・5**に示すようにロールオフフィルタの特性を送信側と受信側に均等にルート配分します．このようなフィルタをルートロールオフフィルタと呼びます．このルートロールオフフィルタを用いた場合の送受信部を合わせた総合の伝達関数は $H_r(f)$ と同じになります．

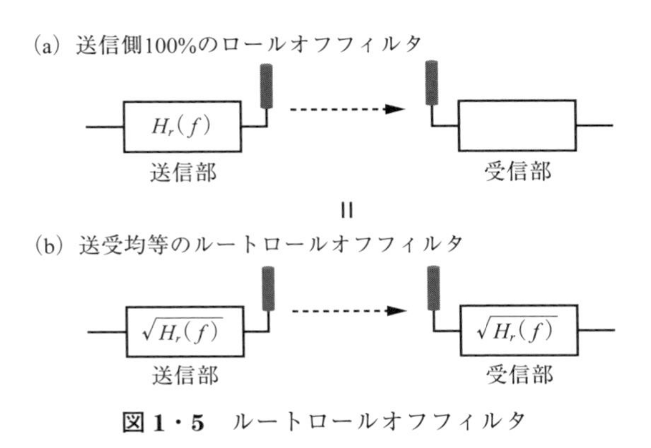

図1・5　ルートロールオフフィルタ

ここまで，主に矩形波に対する波形整形について説明しましたが，無線通信システムでは他にもさまざまなフィルタが必要になります．フィルタは大別すると3種類になります．低域通過フィルタ（Low Pass Filter；LPF），高域通過フィルタ（High Pass Filter；HPF），帯域通過フィルタ（Band Pass Filter；BPF）です．LPFは低周波の信号を通過させ，高周波の信号をカットするフィルタ回路です．例えば，送受信機内の増幅器，周波数変換器などで発生する信号の高調波成分を除去するためにはLPFが用いられます．HPFは低周波の信号をカットし，高周波の信号を通過させるフィルタ回路です．BPFは特定の周波数の信号のみ通過させ，それ以外の周波数の信号をカットするフィルタ回路です．例えば，電波法に則って送信機から不要な電波を出さないためにBPFを使用します．ほかに帯域阻止フィルタ（Band Elimination Filter；BEF）もあります．周波数帯で見ると，ルートロールオフフィルタは周波数が低いベースバンド（Baseband Frequency；BB）帯，BPFは周波数が数百MHzの中間周波数（Intermediate Frequency；IF）帯および数GHzの高周波数（Radio Frequency；RF）帯，LPFはIF帯およびBB帯で使用されます．**図1・6**に，LPF，HPF，BPFの基本回路および周波数特性を示します．

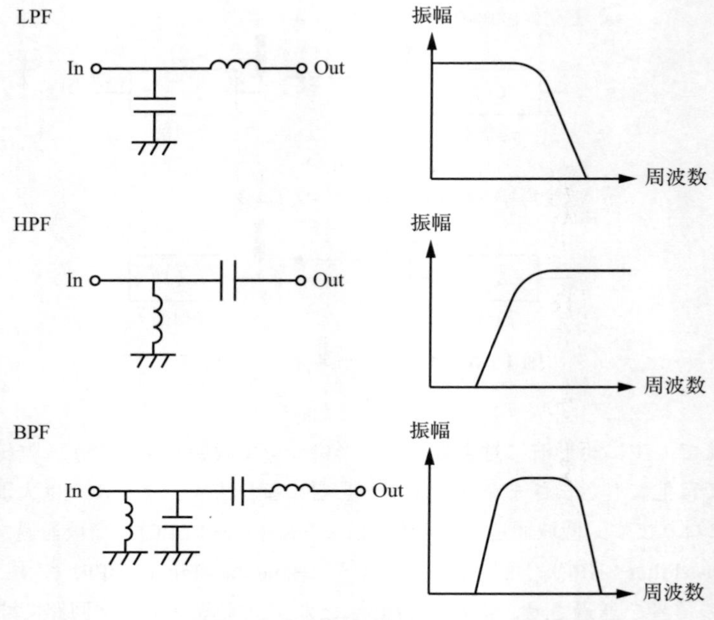

図1・6　フィルタの基本回路と周波数特性

1-4　雑音と非線形歪み

雑音と干渉はどちらも無線通信に悪影響を与えます．信号帯域内の雑音，干渉電力が増加すると送信した情報信号を受信側で再生できなくなり送信情報信号の判定において誤る確率が増えます．雑音は受信機自体で発生する雑音とアンテナで受信される外来雑音などの電力和であり，これを受信機（低雑音増幅器）入力やアンテナ入力に換算した雑音電力として表します．熱雑音（Thermal Noise）は，温度が絶対零度でない限り電子部品すべての抵抗体から発生する雑音であり，kT または kTB で計算します．ここで，k はボルツマン定数（1.38×10^{-23} J/K），T は絶対温度，B は受信フィルタの帯域幅です．T の単位はK（ケルビン）で，セルシウス温度（摂氏温度）を t とすると，$T=t+273$ です．雑音指数（Noise Figure；NF）は回路・機器の入出力の信号対雑音電力の比（Signal to Noise Ratio；SNR）を表し，一般的にはその回路を通過すると雑音が増加し出力のSNRは劣化します．受信機の雑音指数をNFとすると，受信機入力に換算した雑音電力 N は $N=$

kTB・NF で計算します．

無線通信の特性を計算機シミュレーションなどにより評価するとき，加算性白色ガウス雑音（Additive White Gaussian Noise；AWGN）を用います．“Additive”は加法性のことで，**図1・7**に示すように受信信号に雑音を線形加算するモデルのことです．“White”は周波数に対して雑音電力密度が一定であることを表しています．“Gaussian”は雑音電力密度のサンプル値がガウス分布に基づいて時間変動するという意味です．

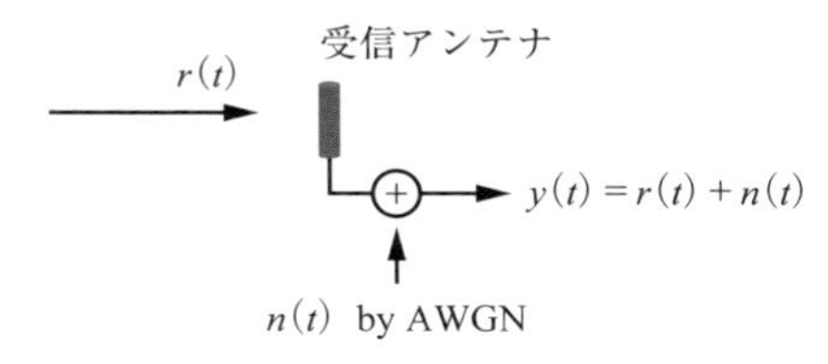

図1・7　AWGN

増幅器などの回路・機器は非線形歪みの特性を有しています．入力信号がこの回路を通過すると非線形歪みにより入力信号の位相と振幅が変化し，2倍波，3倍波などの高調波成分が発生します．この様子を**図1・8**に示します．この非線形性が原因で，入力信号である原信号が正しく取り出せなくなる場合があります．さらに，複数の周波数の異なる信号を入力した場合，出力側で余分な周波数成分である相互変調歪み（Inter−Modulation Distortion）が発生します．特に，二つの近接した基本波を入力したとき，それぞれの基本波の2次高調波との間で発生する歪みを，3次相互変調歪み（IM3；3rd order Inter−Modulation）と呼びます．これを**図1・9**に示します．このIM3は基本波の近傍に発生するため受信フィルタでカットすることは一般的に難しいとされています．

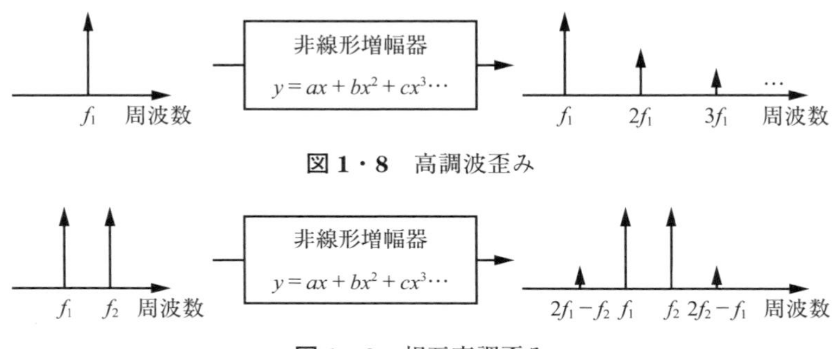

図1・8　高調波歪み

図1・9　相互変調歪み

1-5　アナログ変調

この章の最初で述べたように，無線通信ではベースバンド帯の情報信号をそのままの形で伝送することはできません．ここでは，音声などのアナログの情報信号を電波で伝送するアナログ変調について説明します．変調とは，情報信号によって搬送波の周波数，振幅，位相を変化させることを意味します．搬送波は，ある一定の周波数と振幅を有する基本的な正弦波です．すなわち，**図1・10** に示すように，情報信号により搬送波を変調し，その変調波を電波として送信します．受信側では，受信した変調波を復調することにより元の情報信号を復元します．

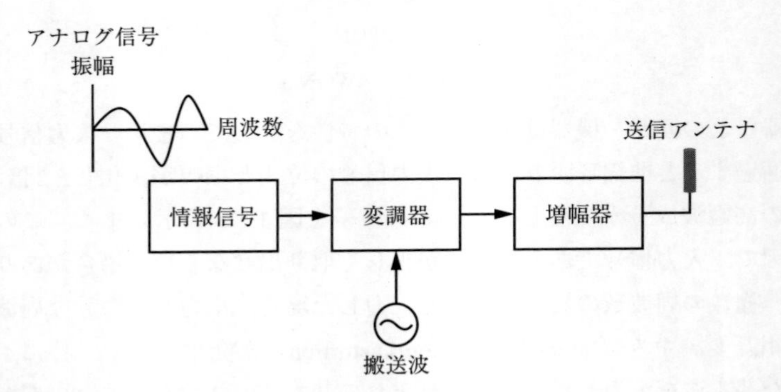

図1・10　アナログ変調器の構成

アナログ変調方式は3種類あります．アナログ情報信号によって搬送波の振幅を変化させる AM（Amplitude Modulation），搬送波の周波数を変化させる FM（Frequency Modulation），搬送波の位相を変化させる PM（Phase Modulation）です．搬送波 $C(t)$ は，振幅 A_c，周波数 f_c，角周波数 ω_c，初期位相 ϕ_c を用いて次式で表すことができます．

$$C(t) = A_c \cos(2\pi f_c t + \phi_c) = A_c \cos(\omega_c t + \phi_c) \tag{1・11}$$

また，情報信号 $m(t)$ は，振幅 A_m，周波数 f_m，角周波数 ω_m を用いて次式で表すことができます．ただし，簡単のためにここでは $m(t)$ の初期位相は 0 とします．

$$m(t) = A_m \cos 2\pi f_m t = A_m \cos \omega_m t \tag{1・12}$$

変調波 $S(t)$ は，振幅 $A(t)$，位相 $\phi(t)$ の関数として一般的に次式で表すことができます．

$$S(t)=A(t)\cdot\cos\{2\pi f_c t+\phi(t)\} \tag{1・13}$$

表 1・1 に，AM，FM，および PM の変調方法と本書における変調波の表記をまとめて示します．

表 1・1　アナログ変調の分類

アナログ変調方式名	方　法	変調波の表記
振幅変調　AM （Amplitude Modulation）	搬送波の振幅を変化させる	$S_{am}(t)$
周波数変調　FM （Frequency Modulation）	搬送波の周波数（位相の変化速度）を変化させる	$S_{fm}(t)$
位相変調　PM （Phase Modulation）	搬送波の位相を変化させる	$S_{pm}(t)$

1-5-1　AM 変調

最高周波数が f_m であるアナログ情報信号 $m(t)$ で搬送波 $C(t)$ を AM 変調すると，AM 変調波 $S_{am}(t)$ は次式で与えられます．なお，簡単のために $C(t)$ の初期位相 ϕ_c は 0 とします．

$$\begin{aligned}S_{am}(t)&=(A_c+m(t))\cos 2\pi f_c t\\&=A_c\left(1+\frac{A_m}{A_c}\cos 2\pi f_m t\right)\cos 2\pi f_c t=A_c(1+\beta_{AM}\cos 2\pi f_m t)\cos 2\pi f_c t\\&=A_c\cos\omega_c t+\frac{\beta_{AM}A_c}{2}\cos 2\pi(f_c+f_m)t+\frac{\beta_{AM}A_c}{2}\cos 2\pi(f_c-f_m)t\end{aligned} \tag{1・14}$$

ここで，$\beta_{AM}=\dfrac{A_m}{A_c}$ は AM 変調における変調度（Modulation Index）と呼びます．

図 1・11 に AM 変調波のスペクトラムを表します．$S_{am}(t)$ の第 1 項は搬送波成分，第 2 および 3 項は搬送波周波数 f_c に対してそれぞれ $+f_m$，$-f_m$ を加えた周波数成分を表します．f_c+f_m の成分を上側波帯（Upper Sideband；USB），f_c-f_m の成分を下側波帯（Lower Sideband；LSB）と呼びます．搬送波，LSB および USB を利用する場合の占有周波数帯域幅は約 $2f_m$ になります．

搬送波自体には情報は含まれていないので，電力の低減を目的として，搬送波を抑圧し LSB と USB を用いる方法があります．これを抑圧搬送波両側波帯

(Double Sideband；DSB）と呼びます．また，LSBまたはUSBの片方だけを用いる抑圧搬送波単側波帯（Single Sideband；SSB）もあります．これらはアマチュア無線などで利用されています．AM放送は，搬送波，LSB，およびUSBのすべてを利用するAM変調波を使います．

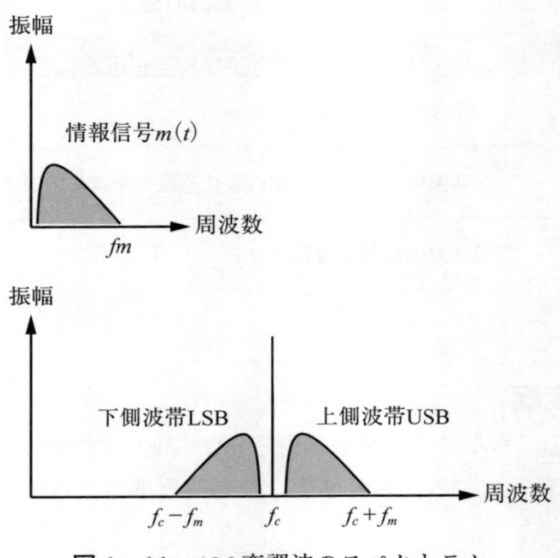

図1・11　AM変調波のスペクトラム

搬送波の電力をP_cとすると，LSBとUSBの電力はどちらも$\left(\frac{\beta_{AM}}{2}\right)^2 P_c$となるので，AM変調波の電力$P_T$は次式で示されます．

$$P_T = P_c + P_{LSB} + P_{USB} = P_c + \left(\frac{\beta_{AM}}{2}\right)^2 P_c + \left(\frac{\beta_{AM}}{2}\right)^2 P_c = P_c\left(1 + \frac{\beta_{AM}{}^2}{2}\right) \qquad (1\cdot15)$$

例えば，100％変調，すなわち$\beta_{AM}=1$とすると，$P_T : P_{LSB}$は1：1/6となるので，SSBの電力はAM変調に比べて1/6で済むことになります．

変調度β_{AM}は通常$\beta_{AM}<1$で設計されます．その理由は，受信機で包絡線検波を用いてAM変調波を検波するからです．$\beta_{AM}<1$ではAM変調波の包絡線は情報信号の形を維持しており，受信機での包絡線検波で情報信号を正しく取り出すことができます．$\beta_{AM}>1$になると，AM変調波の包絡線の形が情報信号と異なるため，包絡線検波で情報信号を正しく取り出すことができません．AM変調波の検波は，ダイオードの整流作用およびコンデンサによる直流分のカットにより情報信号を取り出す方法が一般的です．なお，**図1・12**はオシロスコープで観測した AM 変調波の時間波形の例であり，最大振幅 A〔V〕と最小振幅 B〔V〕から変調度 β は次式で求めることができます．

$$\beta_{AM}=\frac{A-B}{A+B} \tag{1・16}$$

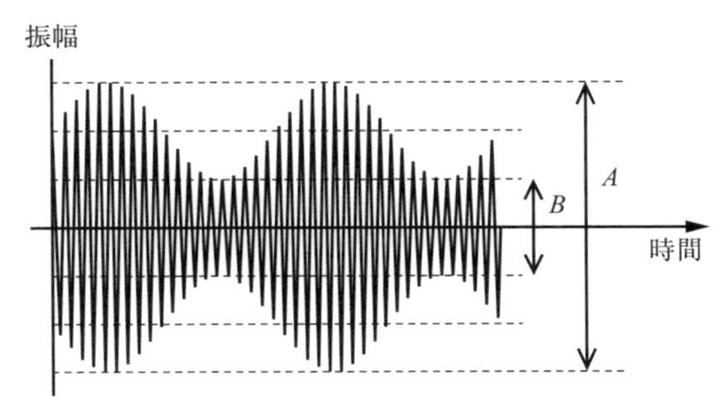

図 1・12　AM 変調波の時間波形

このように AM 変調は，音声などのアナログ情報信号の変化を搬送波の振幅の変化として伝送します．すなわち信号強度の大小で情報を伝えるため，信号電力が小さくなったとき，雑音や干渉の影響を直接受けやすいという欠点があります．

1-5-2　FM 変調

FM 変調は，アナログ情報信号の変化を搬送波の周波数の変化として伝送します．**図 1・13** に示すように，時間軸で見たとき，FM 変調波の包絡線振幅は一定であり，AM 変調に比べて雑音や干渉の影響を受けにくいという特徴があります．FM 変調波の周波数が連続的に変化するため，周波数軸で見ると，搬送波周波数を中心として複数のスペクトラムが発生します．

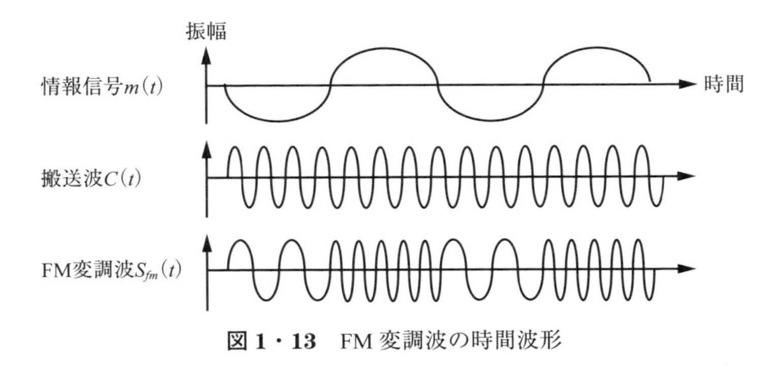

図 1・13　FM 変調波の時間波形

FM 変調波 $S_{fm}(t)$ は，情報信号 $m(t)$ と搬送波 $C(t)$ から以下のように求まります．ここで，K_{fm} は周波数が変化する感度を示す値です．

$$S_{fm}(t) = A_c \cos\left[2\pi f_c t + \phi_c + K_{fm}\int_{-\infty}^{t} m(t)\,dt\right] \tag{1·17}$$

FM 変調は，正確にいうと最高周波数 f_m をもつ情報信号 $m(t)$ によって位相の変化速度 $K_{fm}\int_{-\infty}^{t} m(t)\,dt$ が変化することを表していますが，図 1・13 のように搬送波の周波数が変化すると理解してよいです．

FM 変調において，最大周波数偏移 Δf は，次式で定義されます．

$$\Delta f = \frac{K_{fm}}{2\pi}|m(t)|_{\max} = \frac{K_{fm}A_m}{2\pi} \tag{1·18}$$

簡単のために $\phi_c = 0$ とし，また式(1·17)を式(1·18)に代入すると次式が得られます．

$$S_{fm}(t) = A_c \cos\left[2\pi f_c t + \frac{2\pi\Delta f}{A_m}\int_{-\infty}^{t} m(t)\,dt\right] \tag{1·19}$$

式(1·12)を式(1·19)に代入すると次式が得られます．

$$S_{fm}(t) = A_c \cos\left[2\pi f_c t + \frac{\Delta f}{f_m}\sin 2\pi f_m t\right] = A_c \cos[2\pi f_c t + \beta_{FM}\sin 2\pi f_m t] \tag{1·20}$$

ここで，$\beta_{FM} = \dfrac{\Delta f}{f_m}$ は FM 変調指数または FM 変調度と呼びます．$\beta_{FM} \ll 1$ のとき狭帯域 FM，$\beta_{FM} \gg 1$ のとき広帯域 FM と呼びます．広帯域 FM は FM ラジオなどで使われています．

変調指数 β_{FM} に対する FM スペクトラムはベッセル関数 $J_n^2(\beta_{FM})$ を用いて表されます．スペクトラムは搬送波周波数 f_c を中心にしてその高低に発生し，スペクトラム間隔は次数 n で，帯域は無限に広がります．最大周波数偏移 Δf は，f_c と n 番目の周波数の差です．**図 1・14** は，$\beta_{FM} = 2$，すなわち $J_n^2(2)$ における $n = 4$ までのベッセル関数の例です．$n = 0$ は搬送波成分を表します．一般的に，占有周波数帯域幅 B は電波の全電力の 99 % を含む周波数範囲と定義されます．したがって，$n = 4$ までの全電力が 99 % 以下であれば，$n = 4$ までのスペクトル幅が B になります．FM 変調波の包絡線振幅は一定ですが，実際には帯域制限によって振幅変動が生じます．FM 変調波に対しては，FM 変調波を復調する上で振幅変動が問題にならない B は，経験的に以下のように与えられます．

$$B=2(\Delta f+f_m)=2(\beta_{FM}+1)f_m \tag{1・21}$$

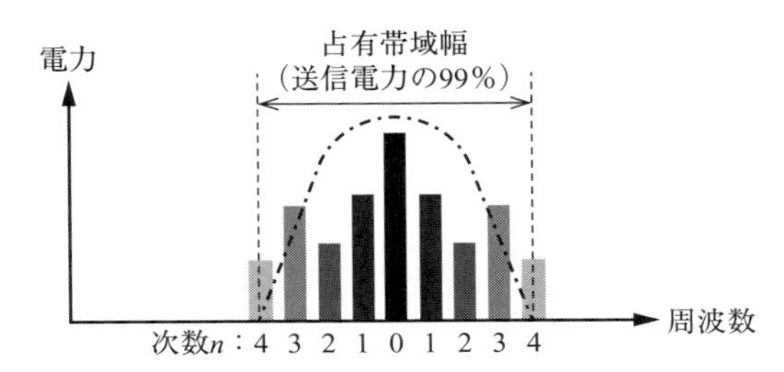

図 1・14　FM 変調波の周波数スペクトラム

PM 変調は，アナログ情報信号の変化を搬送波の位相の変化として伝送します．PM 変調波 $S_{pm}(t)$ は，位相が変化する感度 K_{pm} を用いて次式で与えられます．

$$S_{pm}(t)=A_c\cos[2\pi f_c t+\phi_c+K_{pm}m(t)] \tag{1・22}$$

$S_{pm}(t)$ と $S_{fm}(t)$ との差異は，式(1・17)と比べるとわかるように，情報信号 $m(t)$ が積分されているかどうかの違いで，本質的に同じ変調方式であることがわかります．FM 変復調装置の構成は比較的簡単です．送信側では，電圧制御型発振器（Voltage Controlled Oscillator；VCO）を使って FM 変調波を生成します．また，受信機では帯域制限フィルタ，周波数–電圧変換回路などを用いて，元のアナログ情報信号を復調します．このように PM に比べて FM 変復調装置の構成が簡単で低コストであるため，アナログ変調において PM が使われることはほとんどありません．

1-6　ディジタル変調

ディジタル変調は，アナログ変調と異なり 1 と 0 のディジタルデータで搬送波を変調し無線伝送する方式です．ディジタル変調方式は 4 種類あります．ディジタル情報信号によって搬送波の振幅を変化させる振幅偏移変調（Amplitude Shift Keying；ASK），搬送波の周波数を変化させる周波数偏移変調（Frequency Shift Keying；FSK），搬送波の位相を変化させる位相偏移変調（Phase Shift Keying；PSK），および搬送波の振幅と位相を変化させる直交振幅変調（Quadrature Amplitude Modulation；QAM）です．本書では，主に無線通信に用いられている PSK，QAM について説明します．

ASK，FSK は，それぞれアナログ変調である AM，FM のディジタル版なので，説明は概要に留めます．搬送波 $C(t)$ の表記は式(1･11)と同じですが，$m(t)$ はディジタル情報信号になります．ASK，FSK，PSK，および QAM のそれぞれの変調方法と本書における変調波の表記を**表 1・2** にまとめて示します．

表 1・2　ディジタル変調の分類

ディジタル変調方式名	方　法	変調波の表記
振幅（偏移）変調　ASK （Amplitude Shift Keying）	搬送波の振幅を変化させる． 振幅が 2 値の場合 OOK と呼ばれる．	$S_{ask}(t)$
周波数（偏移）変調　FSK （Frequency Shift Keying）	搬送波の周波数を変化させる． 変化点の位相を連続波形にする方式は CPFSK と呼ばれる．	$S_{fsk}(t)$
位相（偏移）変調　PSK （Phase Shift Keying）	搬送波の位相を変化させる． 1 シンボル（1 回の変調）で 1 ビット伝送する方式は BPSK と呼ばれる．また，1 シンボルで 2 ビット伝送する方式は QPSK と呼ばれる．	$S_{psk}(t)$ $S_{bpsk}(t)$ $S_{qpsk}(t)$
直交振幅変調　QAM （Quadrature Amplitude Modulation）	搬送波の振幅と位相を変化させる．	$S_{qam}(t)$

1-6-1　ASK，FSK

ASK はディジタル情報信号の振幅に比例して搬送波の振幅を変化させる方式です．特に，情報信号の振幅が 2 値の場合の ASK を On−Off Keying（OOK）と呼びます．

ASK 変調波 $S_{ask}(t)$ は，情報信号 $m(t)$ と搬送波 $C(t)$ から以下のように定義されます．

$$S_{ask}(t) = m(t)\,C(t) = m(t)\cdot A_c \cos(2\pi f_c t + \phi_c) \tag{1･23}$$

上式をもとにした ASK 変調は**図 1・15** のように考えることができます．

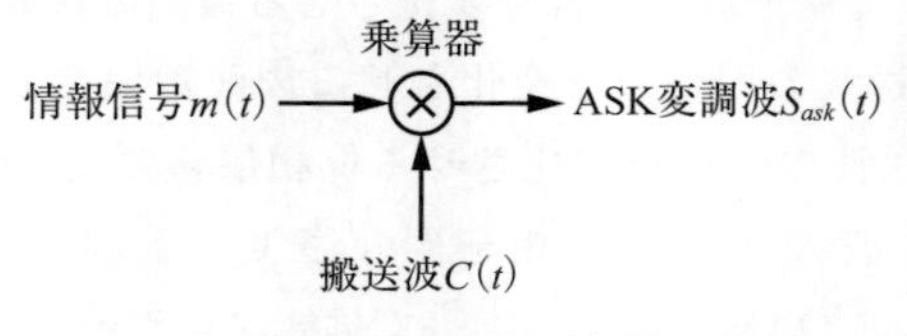

図 1・15　ASK 変調

OOKでは次式に示すように，1が入力されたとき，ASK変調波$S_{ask}(t)$は搬送波そのものになります．0が入力されたとき，ASK変調波は存在しません．

$$\begin{aligned}&\text{if “}m(t)=1\text{”, then } S_{ask}(t)=C(t)=A_c\cos(2\pi f_c t+\phi_c)\\&\text{if “}m(t)=0\text{”, then } S_{ask}(t)=0\end{aligned} \qquad (1\cdot 24)$$

受信側でのASK復調器の構成を**図1・16**に示します．これは，受信機で搬送波を再生し，それをもとに受信信号を同期検波する構成です．再生搬送波と受信信号を乗算すると次式が得られます．ただし，簡単のために$\phi_c=0$とします．

$$S_{ask}(t)\cdot C(t)=m(t)\cdot A_c\cos^2 2\pi f_c t=m(t)\cdot A_c\cdot\frac{1+\cos 4\pi f_c t}{2} \qquad (1\cdot 25)$$

次に，式(1・26)に示すLPFにより高周波数成分をカットすることで，元のディジタル情報信号$m(t)$を取り出すことができます．

$$\langle S_{ask}(t)\cdot C(t)\rangle_{LPF}=\frac{A_c}{2}m(t) \qquad (1\cdot 26)$$

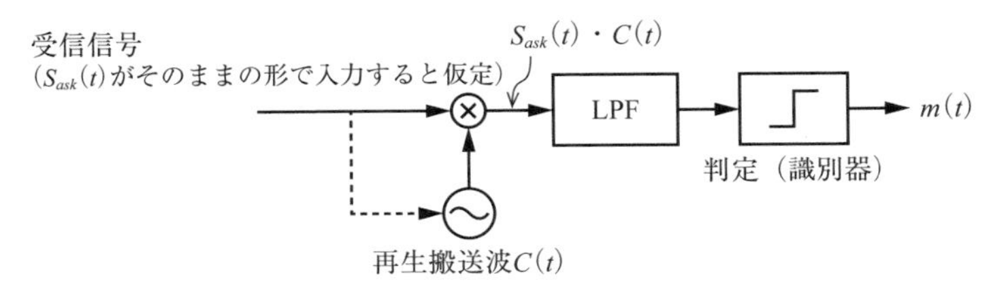

図1・16　ASK復調器の構成

FSKでは式(1・27)の処理によりFSK変調波$S_{fsk}(t)$が得られます．1が入力されたとき，搬送波の周波数は$+f_m$シフトされ，FSK変調波$S_{fsk}(t)$の周波数はf_c+f_mになります．一方，0が入力されたとき，$S_{fsk}(t)$の周波数はf_c-f_mになります．

$$\begin{aligned}&\text{if “}m(t)=1\text{”, then } S_{fsk}(t)=A_c\cos\{2\pi(f_c+f_m)t+\phi_c\}\\&\text{if “}m(t)=0\text{”, then } S_{fsk}(t)=A_c\cos\{2\pi(f_c-f_m)t+\phi_c\}\end{aligned} \qquad (1\cdot 27)$$

FSKでは情報信号の変化点で周波数が切り替わりますが，その変化点でFSK変調波の位相が不連続になります．この変化点の位相を連続波形にした方式を位相連続周波数偏移変調（Continuous Phase Frequency Shift Keying；CPFSK）と呼びます．一般的にFSKはCPFSKのことを指します．**図1・17**は$m(t)$に応じて異なる周波数を発振させるVCOを用いたCPFSK変調器の構成です．また，**図1・18**は時間軸に対するCPFSK変調波を表しており，0と1の変化点で$S_{fsk}(t)$の位相が連続した状態で周波数が変化していることがわかります．また，CPFSKにおいて変調指数が0.5の方式を最小偏移変調（Minimum Shift Keying；MSK）といいます．さらに，ガウシアンフィルタ（Gaussian Filter）を用いて狭帯域化してからMSK変調する方式をGMSKといいます．このGMSKは第2世代移動通信システム（2G）であるGSM（Global System for Mobile Communications）に使われています．

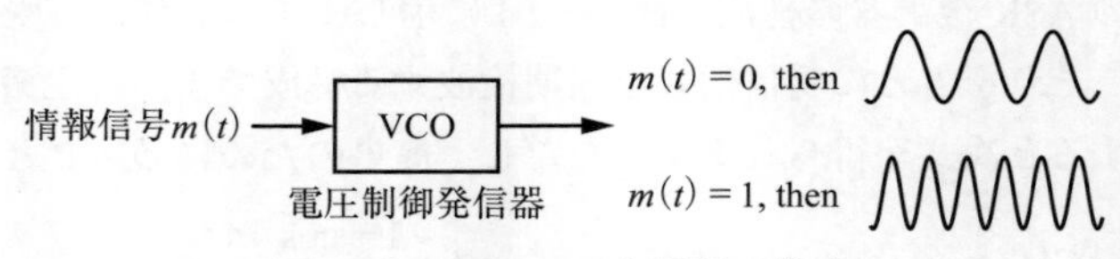

図1・17　CPFSK変調器の構成

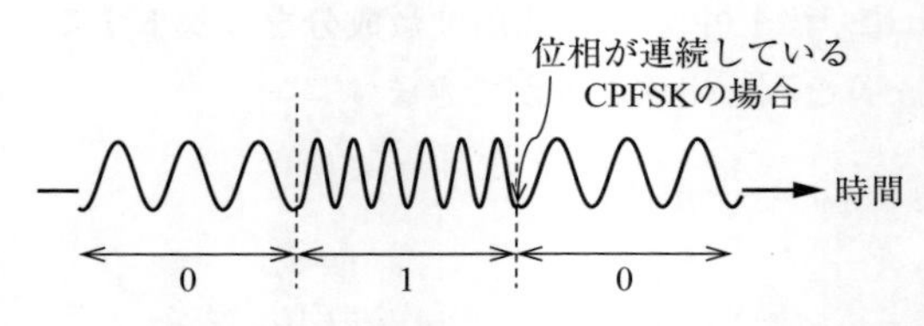

図1・18　CPFSK変調波の時間波形

1-6-2　BPSK

PSKは，ディジタル情報信号によって搬送波の位相を変化させる変調方式です．PSK変調波$S_{psk}(t)$は，情報信号$m(t)$と搬送波$C(t)$から次式で与えられます．

$$S_{psk}(t)=A_c\cos\{2\pi f_c t+\phi_c+\pi m(t)\} \tag{1·28}$$

1と0のディジタルデータに対して搬送波の位相状態を2種類とするPSKをBPSK（Binary Phase Shift Keying）と呼びます．BPSK変調波$S_{bpsk}(t)$は1と0のディジタルデータに対して次のように変化します．

$$\begin{aligned}&\text{if “}m(t)=1\text{”, then } S_{bpsk}(t)=A_c\cos(2\pi f_c t+\phi_c+\pi)\\&\text{if “}m(t)=0\text{”, then } S_{bpsk}(t)=A_c\cos(2\pi f_c t+\phi_c)\end{aligned} \tag{1·29}$$

このように，1と0の入力に対して$S_{bpsk}(t)$の位相はπずれていることがわかります．**図1・19**は，正と負の電位をもつ両極NRZ（Non Return to Zero）信号である$p(t)=\cos\{\pi m(t)\}$，によりBPSK変調波を生成する変調器の構成です．$m(t)=1$のとき$p(t)=-1$，$m(t)=0$のとき$p(t)=1$となるので，$S_{bpsk}(t)$は，式(1·29)と同じ結果になります．BPSKの復調器の構成は図1・16と同じで，受信信号と再生搬送波を乗算しLPFにより高調波成分をカットすれば元の情報信号が得られます．

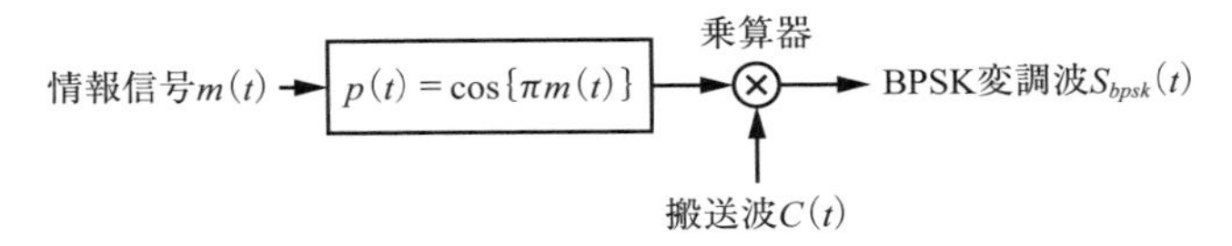

図 1・19　BPSK 変調

1-6-3　QPSK

ディジタル情報信号を 2 ビット単位，すなわち 00，01，10，11 に対して搬送波の位相を 4 種類に変化させる方式で，4PSK とも呼びます．1，0 が切り替わる時間（1 クロック）をシンボル長とすると，QPSK は 1 シンボルで 2 ビット送ることができます．BPSK は 1 シンボルで 1 ビットなので，BPSK に比べて 2 倍の情報を送ることができます．QPSK 変調波 $S_{qpsk}(t)$ は情報信号 $m(t)$ と搬送波 $C(t)$ から次式で与えられます．なお，$m(t)$ が 2 ビット単位で変化する関数を $\delta\{m(t)\}$ と表し，また 2 ビット 00 の入力を“$m(t)=[00]$”と表記すると次式が得られます．

$$
\begin{aligned}
&S_{qpsk}(t)=A_c\cos\{2\pi f_c t+\phi_c+\delta\{m(t)\}\}\\
&\text{if“}m(t)=[00]\text{”, then } S_{qpsk}(t)=A_c\cos(2\pi f_c t+\phi_c+\pi/4)\\
&\text{if“}m(t)=[01]\text{”, then } S_{qpsk}(t)=A_c\cos(2\pi f_c t+\phi_c+3\pi/4)\\
&\text{if“}m(t)=[11]\text{”, then } S_{qpsk}(t)=A_c\cos(2\pi f_c t+\phi_c+5\pi/4)\\
&\text{if“}m(t)=[10]\text{”, then } S_{qpsk}(t)=A_c\cos(2\pi f_c t+\phi_c+7\pi/4)
\end{aligned}
\tag{1・30}
$$

このように，2 ビット 4 状態 00，01，11，10 に対して QPSK は搬送波位相をそれぞれ $\pi/4$，$3\pi/4$，$5\pi/4$，$7\pi/4$ 変化させることになります．

QPSK 変調波は直交変調器により生成されます．直交を理解するために，式(1・13)で示した基本的な変調波 $S(t)$ を次式のように変形してみます．

$$
\begin{aligned}
S(t)&=A(t)\cdot\cos\{2\pi f_c t+\phi(t)\}\\
&=A(t)\cos\phi(t)\cos 2\pi f_c t-A(t)\sin\phi(t)\sin 2\pi f_c t\\
&=I(t)\cos 2\pi f_c t-Q(t)\sin 2\pi f_c t
\end{aligned}
\tag{1・31}
$$

上式の右辺第 1 項は同相成分，第 2 項は直交成分と呼びます．$I(t)$ と $Q(t)$ はそれぞれ同相成分と直交成分の振幅を表しています．**表 1・3** に情報信号に対する $I(t)$，$Q(t)$ の値を示します．QPSK 変調波の $A(t)$ は一定なので，ここでは $A(t)=1$ とします．例えば，00 の 2 ビットを送信する場合，$I(t)$ と $Q(t)$ の値はそれぞれ $1/\sqrt{2}$ になります．

表1・3　ディジタル情報信号とQPSK変調波の同相・直交成分の関係

$m(t)$	同相成分 $I(t)=A(t)\cos\phi(t)$	直交成分 $Q(t)=A(t)\sin\phi(t)$
00	$\cos\left(\frac{\pi}{4}\right)=\frac{1}{\sqrt{2}}$	$\sin\left(\frac{\pi}{4}\right)=\frac{1}{\sqrt{2}}$
01	$\cos\left(\frac{3\pi}{4}\right)=-\frac{1}{\sqrt{2}}$	$\sin\left(\frac{3\pi}{4}\right)=\frac{1}{\sqrt{2}}$
11	$\cos\left(\frac{5\pi}{4}\right)=-\frac{1}{\sqrt{2}}$	$\sin\left(\frac{5\pi}{4}\right)=-\frac{1}{\sqrt{2}}$
10	$\cos\left(\frac{7\pi}{4}\right)=\frac{1}{\sqrt{2}}$	$\sin\left(\frac{7\pi}{4}\right)=-\frac{1}{\sqrt{2}}$

$I(t)$と$Q(t)$を用いて変調波のシンボルごとの状態を表示する方法は直交座標表示と呼びます．一方，$I(t)$と$Q(t)$からなる関数$E(t)=I(t)+jQ(t)=A(t)e^{j\phi(t)}$を定義し，この$A(t)$と$\phi(t)$を用いた変調波のシンボルごとの状態表示は極座標表示と呼びます．なお，変調波$S(t)$は$E(t)$を用いて次式のように複素表示することも可能です．

$$S(t)=\mathrm{Re}\{E(t)e^{j2\pi f_c t}\} \qquad (1\cdot32)$$

図1・20は，$I(t)$と$Q(t)$による直交座標表示に基づいてQPSK変調波$S_{qpsk}(t)$を生成する直交変調器の構成です．連続する入力シリアルディジタルデータは，シリアル-パラレル（Serial to Parallel Converter；S/P）変換により2ビット単位のシンボルデータに変換し，それぞれのパラレルデータは直交した搬送波を用いてBPSK変調され，それら2系列のBPSK変調波を合成することによりQPSK変調波が生成されます．

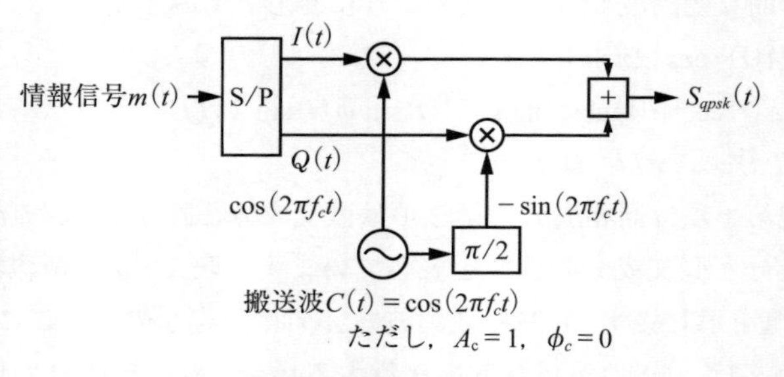

図1・20　QPSK変調器の構成

図1・21は，搬送波と直交変調器に入力される2ビットと，QPSK変調波$S_{qpsk}(t)$

の関係を表したものです．この図を見てわかるように，$S_{qpsk}(t)$は振幅が一定で，2 ビットの入力データに応じて変調波の位相が変化して伝送されることがわかります．

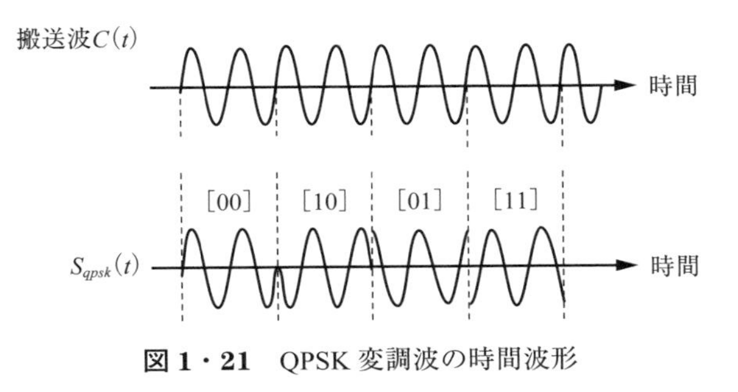

図 1・21　QPSK 変調波の時間波形

変調波の位相と振幅の状態を表す方法として信号コンスタレーション（Constellation）があります．これは，先に説明した同相成分を同相軸（I 軸），直交成分を直交軸（Q 軸）とする複素平面上に，ディジタル情報信号と変調波の位相，振幅との関係を，信号点を用いて 2 次元表示したものです．これは 1 シンボルで表される情報値のすべてを表しており，信号空間ダイヤグラムとも呼ばれます．BPSK と QPSK の信号コンスタレーションをそれぞれ**図 1・22** の（a）と（b）に示します．どちらも，信号点は同一円周上にあることから変調波の振幅は一定であることがわかります．BPSK の場合，ディジタルデータ 1 と 0 の入力に対して $S_{bpsk}(t)$の位相は π ずれていることがわかります．QPSK の場合，2 ビット 00 で QPSK 変調すると，信号点の位相は搬送波の位相に比べて $\pi/4$ だけ偏移していることが理解できます．また**表 1・3** に示したように 2 ビット 4 状態 00，01，11，10 に対して，$S_{qpsk}(t)$の位相は 4 通り，I 軸，Q 軸の振幅がそれぞれ 2 通りであることがわかります．なお，この図はグレイ符号（Gray Code）を用いた場合の例で，信号コンスタレーション上において I 軸，Q 軸それぞれの隣り合うシンボルは 1 ビットの違いしかないように符号化されています．このグレイ符号は自然符号に比べて信号の誤り率の観点から優れています．自然符号では第 3 象限が 10，第 4 象限が 11 に対応します．この場合，Q 軸の判定で第 1 象限のシンボルを第 3 象限のシンボルと誤ったとき 2 ビットまとめて誤りとなります．

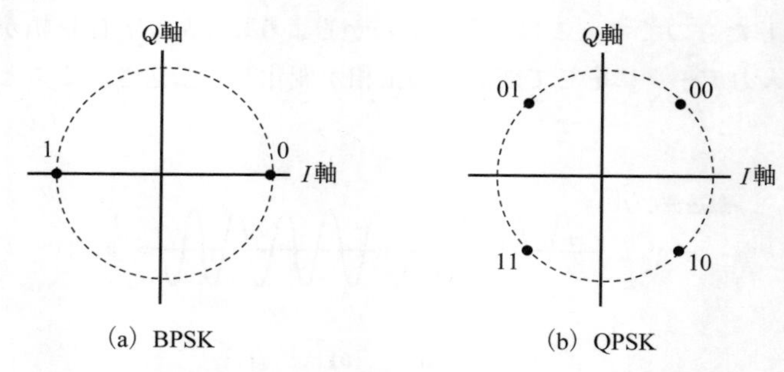

図1・22　BPSKとQPSKの信号コンスタレーション

図1・23は，QPSKの復調器の構成です．受信した信号を2系統に分け，それぞれを直交した再生搬送波を用いて同期検波を行います．ASKの復調器と同様に高周波数成分をLPFでカットし，識別器でデータ判定した後，パラレルデータをシリアルデータに変換することにより，元の情報信号を得ることができます．BPSK復調器は同相成分の1系列のみの構成で他はQPSK復調器と同様の構成です．

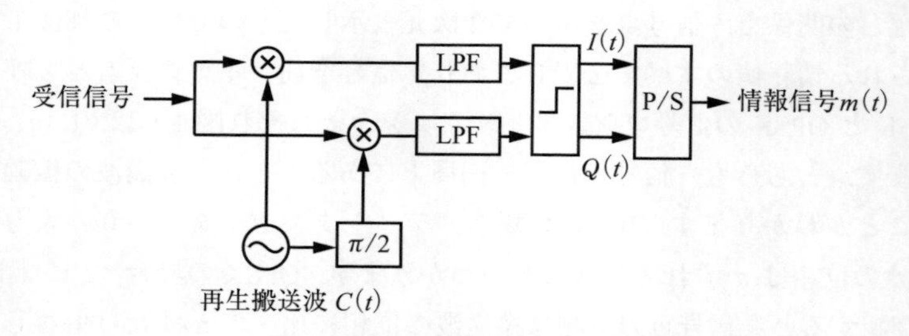

図1・23　QPSK復調器の構成

1-6-4　QAM

BPSKは1 Hz当たり1シンボルで1ビット，QPSKは1シンボルで2ビットのディジタル情報信号を送ることができます．より多くの情報を送るために，変化させる搬送波の位相の数を増やす，すなわちPSKの多値数を増やす（8PSK，16PSKなど）ことが考えられますが，信号コンスタレーションを見てわかるように同一円周上に均等な間隔で並ぶ信号点のユークリッド距離が短くなります．このことは，通信路の雑音や干渉により送信した情報に対応する信号点とは異なる他の信号点に誤る確率が増えることを意味しています．すなわち，雑音や干渉に対する耐性が弱くなります．そこで，PSK変調に振幅という概念を取り入れ，搬送波の位相と振幅の両方を変化させることにより多くのディジタル情報信号を送る変調方式が考え出され，それを直交振幅変調（Quadrature Amplitude Modulation；QAM）と呼びます．

QAM変調器は図1・20のQPSK変調器と同じ構成ですが，$I(t)$，$Q(t)$がそれぞれ複数の異なる振幅値を有するところが異なります．すなわち，$I(t)$，$Q(t)$により直交した二つの搬送波をASK変調し，これらを加算することによりQAM変調波$S_{qam}(t)$が得られます．例えば，$I(t)$，$Q(t)$の振幅値がそれぞれ4種類ある場合は16–QAMと呼びます．これを**図1・24**に示します．このように16–QAMは1シンボル当たり4ビットの情報を送ることができるので，QPSKに比べて2倍の情報量を送ることができます．

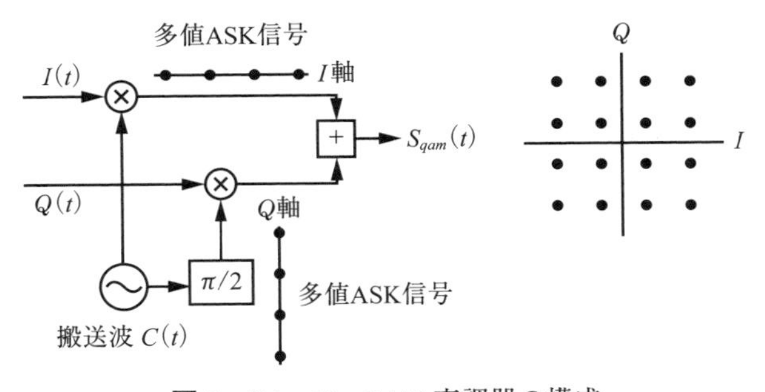

図1・24　16–QAM変調器の構成

図1・25はグレイ符号を適用した16–QAMの信号コンスタレーションを表しています．一例として，4ビット“1000”は第4象限の一番外側の信号点に相当し，この4ビットで変調された16–QAM変調波の位相は$7\pi/4$であることがわかります．図の破線で示した一番外側の同心円上にある信号点（0000，0010，1010，1000）は変調波の振幅が一番大きい状態を表しています．他に振幅の異なる同心円が内側に二つあり変調波の振幅は合計3種類あります．これがQAMの特徴であり「PSK変調に振幅という概念を取り入れた」ことを表しています．

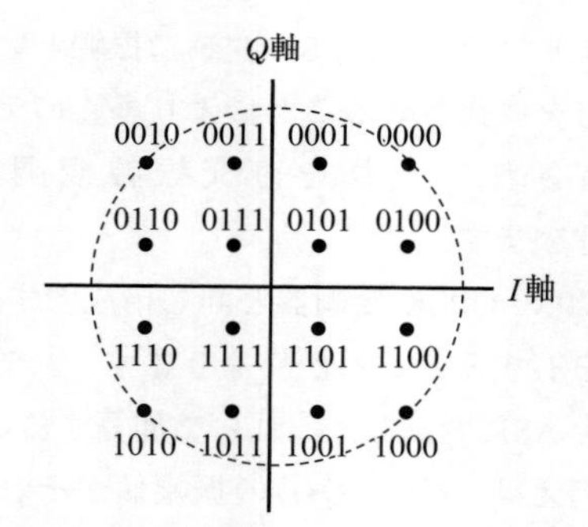

図 1・25　グレイ符号 16–QAM の信号コンスタレーション

16–QAM の信号コンスタレーションと時間波形の関係を**図 1・26** に示します．第 4 象限を対象に，4 ビット単位のデータ 1100/1101/1001/1000 で変調された 16–QAM 変調波は，それぞれの 4 ビットに対応する振幅と位相をもつ波として時間的に連続送信されます．変調波形から振幅が 3 種類ありシンボルが変わるごとに変調波の位相も変化していることが読み取れます．4 ビット“1000”に対応する変調波の振幅が最大であることが時間波形からも読み取れます．

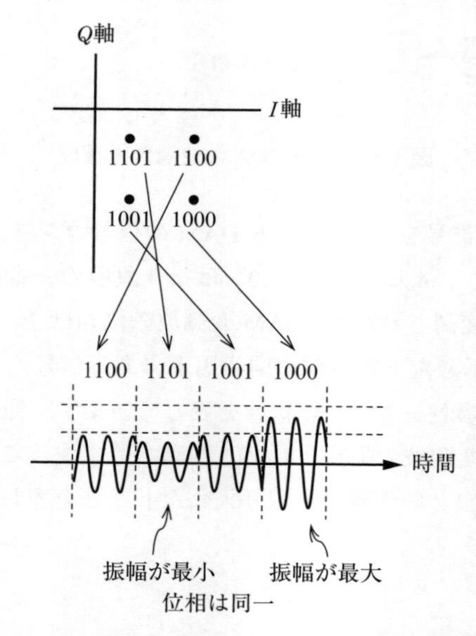

図 1・26　16–QAM 信号コンスタレーションと時間波形の関係

ここまで，16–QAM を例にとり QAM の説明をしてきました．この“16”を一般的に多値数といい，無線通信で用いる電波の帯域幅が制限された条件での高速通信はこの多値数を大きくすることで達成されます．多値数は技術の進歩により，64，256，1024 のように増えています．さらには 4096–QAM の研究も行われています．1024–QAM は 1 シンボル当たり 10 ビット伝送できるので，QPSK に比べて 5 倍の情報量を送ることができます．

演習問題

1. 電波の周波数が 3 GHz のとき，その電波の波長を求めよ．また，電波の波長が 1 cm のとき，その電波の周波数を求めよ．ただし，自由空間（真空中）の条件で計算してよい．

2. 加算性白色ガウス雑音 AWGN の特徴について考察せよ．

3. k はボルツマン定数，T は絶対温度，B は受信フィルタの帯域幅，受信機の雑音指数を F としたとき，受信機入力に換算した雑音電力を求めよ．

4. 非線形増幅器に周波数の異なる信号 $\cos \omega_1 t$，$\cos \omega_2 t$ が同時に入力されたとき，相互変調歪み成分が出力されることを示せ．

5. 搬送波電力は Pc，AM 変調度は β_{AM} で与えられるとすると，AM 変調波の電力を求めよ．

6. 情報信号の最高周波数が 15 kHz で FM 変調指数が 5 のとき，その FM 変調波の占有帯域幅を求めよ．

7. FM 変調波の占有帯域幅は 200 kHz，最大周波数偏移は 75 kHz であった．情報信号の最高周波数および FM 変調指数を求めよ．

8. ディジタル変調における信号コンスタレーションから変調波の状態について考察せよ．

9. アナログ信号の最高周波数を $f_{\max}$ とすると，$f_{\max}$ の 2 倍以上のサンプリング周波数 f_s でディジタル信号に変換すれば，元の情報信号を正確に再生することができる標本化定理（サンプリング定理）について考察せよ．また，ナイキスト周波数，ナイキスト周期の定義を説明せよ．

10. 最大周波数が 4 kHz である音声のアナログ信号を標本化し，その標本化された信号を 8 ビットで量子化してディジタル伝送する場合，その情報伝送速度（ビットレート）を求めよ．また，その情報信号を，BPSK を用いて無線伝送する場合，そのシンボルレートを求めよ．

11. QPSK 信号の 1 シンボルの周期が 40 ns のとき，シンボルレートおよび情報伝送速度（ビットレート）を求めよ．

12. 伝送ビットレートが同じ条件で比較した場合，QPSK に必要な伝送帯域幅は BPSK に比べて何倍になるか答えよ．

13. QAM 信号は直交する 2 系統の搬送波を多値信号系列で ASK 変調し，それらを加算することによって生成される．QAM 変調器の構成を示せ．

14. QAM 変調波の複素数表示と，$I(t)$，$Q(t)$ を用いた直交座標表示は同じであることをオイラーの公式を用いて証明せよ．

第2章 電波のエネルギーはどのように表現すればよいか

スマホ，携帯電話は基地局と電波を用いて通信します．通信ができるということは，電波はエネルギーを伝えていることになります．ソーラーパネルにより太陽光発電ができます．発電できるということは，（太陽）光はエネルギーを伝えていることになります．電波と光は波長が異なりますが，どちらも電磁波です．すなわち電磁波はエネルギーを伝えます．この章では，電磁波のエネルギーについて説明します．

2-1 電場と磁場

電気力が働く空間を電場（Electric Field）と呼びます．例えば，電荷の存在によって，周りの空間に影響を与える空間のことです．特に時間的に変動のない電場を静電場と呼びます．電場を単に電界と呼ぶ場合もあります．磁気力が働く空間を磁場（Magnetic Field）と呼び，磁場を単に磁界と呼ぶ場合もあります．後述しますが，無線通信における磁場は電流の存在・変化によってあるいは電場の変化によって周りに働く空間を意味します．また，電場と磁場は互いに関係（誘発）するので，両者を合わせて電磁場（Electromagnetic Field）と呼びます．

電場を$\boldsymbol{E}$，真空の誘電率をε_0とすると，電場が存在する空間の単位体積当たりのエネルギー密度uは次式で与えられます．

$$u=\frac{1}{2}\varepsilon_0\boldsymbol{E}^2 \tag{2·1}$$

同様に，磁場を$\boldsymbol{H}$，真空の透磁率をμ_0とすると，磁場が存在する空間の単位体積当たりのエネルギー密度uは次式で与えられます．

$$u=\frac{1}{2}\mu_0\boldsymbol{H}^2 \tag{2·2}$$

ここで，真空の誘電率 ε_0，透磁率 μ_0 の値は以下のとおりです．

$$\varepsilon_0 = 8.854 \times 10^{-12} \text{〔F/m〕} \qquad (2\cdot3)$$

$$\mu_0 = 4\pi \times 10^{-7} \text{〔H/m〕} \qquad (2\cdot4)$$

電場に関連する有名な法則として，静電気力に関するクーロンの法則があります．電荷 q_1 が作る電場に電荷 q_1 から距離 r 離れた場所に電荷 q_2 を置くと，電荷 q_2 は次式で示される静電気力 F を受けます．この様子を**図2・1**に示します．

$$F = k_\mathrm{e}\frac{q_1 q_2}{r^2} \text{〔N〕} \qquad (2\cdot5)$$

ここで，k_e は真空中の比例定数です．

$$k_e = \frac{1}{4\pi\varepsilon_0} = 9 \times 10^9 \text{〔N・m}^2\text{/C}^2\text{〕} \qquad (2\cdot6)$$

このように，静電気力 F は電荷量に比例して大きくなり，距離の2乗に反比例して小さくなります．

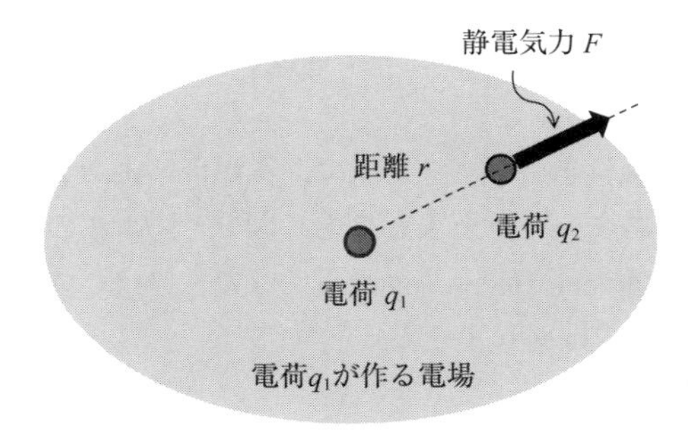

図2・1　電場における静電気力 F

同様に，磁場に関連する法則として，磁気力に関するクーロンの法則があります．磁気量 m_1 を有する磁石が作る磁場に，そこから距離 r 離れた場所に磁気量 m_2 を有する磁石を置くと，磁気量 m_2 を有する磁石は次式で示される磁気力 F を受けます．この様子を**図2・2**に示します．

$$F = k_m\frac{m_1 m_2}{r^2} \qquad (2\cdot7)$$

ここで，k_m は真空中の比例定数です．

$$k_m = \frac{1}{4\pi\mu_0} = 6.33 \times 10^4 \text{〔N・m}^2\text{/Wb}^2\text{〕} \qquad (2\cdot8)$$

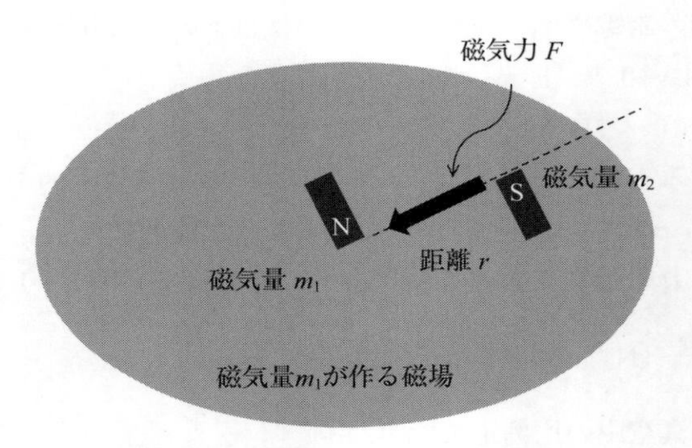

図2・2　磁場における磁気力 F

2-2　ポインティングベクトル

電場と磁場が直交して存在すれば，電磁波のエネルギーはポインティングベクトル（Poynting Vector）$\boldsymbol{P}$ で表すことができます．

$$\boldsymbol{P}=\boldsymbol{E}\times\boldsymbol{H} \tag{2·9}$$

この $\boldsymbol{P}$ は電場，磁場に垂直なベクトルで，電磁波の進む方向と，単位時間に単位面積当たりに運ぶエネルギーを表します．**図2・3**は $\boldsymbol{P}$ の概念図です．考案者はイギリスの物理学者 John Henry Poynting（1852～1914）です（ポインティングの英語表記は Pointing ではありません）．

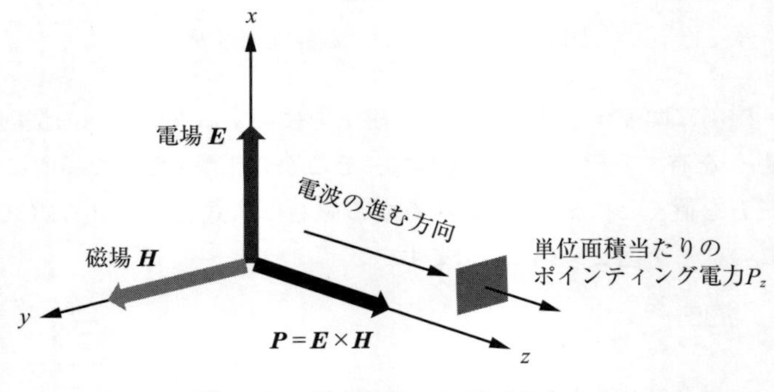

図2・3　ポインティングベクトル

$\boldsymbol{P}$ は$[P_x, P_y, P_z]$成分を有するベクトルで電磁波の進む方向と大きさを表しますが，進行方向を z，ある地点での電界強度の実効値を E として，その地点での単位面積当たりのポインティング電力 P_z は次式で与えられます．

$$P_z = \frac{|E|^2}{Z_0} \ [\mathrm{W/m^2}] \tag{2・10}$$

ここで，Z_0 は真空中の波動インピーダンスまたは固有インピーダンスです．

$$Z_0 = \frac{E_x}{H_y} = \sqrt{\frac{\mu_0}{\varepsilon_0}} \cong 120\pi = 377 \ [\Omega] \tag{2・11}$$

計算例を示します．真空中において電磁波の進行方向のある地点での電界強度の実効値が 1 V/m の場合，その地点でのポインティング電力は $P = 1/120\pi = 2.65\ \mathrm{mW/m^2}$ となります．

2-3　マクスウェルの方程式

マイケル・ファラデー（Michael Faraday, UK, 1791～1867）は，1831 年に「ファラデーの電磁誘導（Electromagnetic Induction）の法則」を発表します．これは，コイルの周りの磁場が変化すると，コイルに電流が流れるという法則です．すなわち，磁場が変化すると電場が変化することを表しています．この法則は今日の発電機の基本となっています．

ジェームス・クラーク・マクスウェル（James Clerk Maxwell, UK, 1831～1879）は，この電磁誘導の法則をきっかけとして電磁気学の基礎となるマクスウェルの方程式を確立します．

$$\mathrm{rot}\,\boldsymbol{H} = \boldsymbol{J} + \frac{\partial \boldsymbol{D}}{\partial t} \tag{2・12}$$

$$\mathrm{rot}\,\boldsymbol{E} = -\frac{\partial \boldsymbol{B}}{\partial t} \tag{2・13}$$

$$\mathrm{div}\,\boldsymbol{D} = \rho \tag{2・14}$$

$$\mathrm{div}\,\boldsymbol{B} = 0 \tag{2・15}$$

rot は $\nabla\times$，div は $\nabla\cdot$ と表記する場合もあります．$\boldsymbol{H}$ は磁場，$\boldsymbol{J}$ は電流密度，$\boldsymbol{D}$ は電束密度，$\boldsymbol{E}$ は電場，$\boldsymbol{B}$ は磁束密度，ρ は電荷密度です．

式(2・12)は，電流が存在し，かつ電束密度にかかわる電場が時間で変化すると磁場が生じることを表しています．電場の変位電流によって磁場は回転をもつとも解釈できます．この方程式は拡張されたアンペール（Andre Marie Ampere,

France, 1775〜1836）の法則とも呼ばれています．アンペールの法則は，**図2・4**に示すように，無限に長い直線状の導線に電流 I を流すと，導線に垂直な平面内で導線を中心とする半径 r の同心円状に磁場 $\boldsymbol{H}$ ができ，その向きは右ねじを回す向きになります．この向きの決まり方をアンペールの右ねじの法則と呼びます．また，その大きさ（磁界強度の実効値）は次式で与えられます．

$$H=\frac{I}{2\pi r}\ \text{〔A/m〕} \tag{2·16}$$

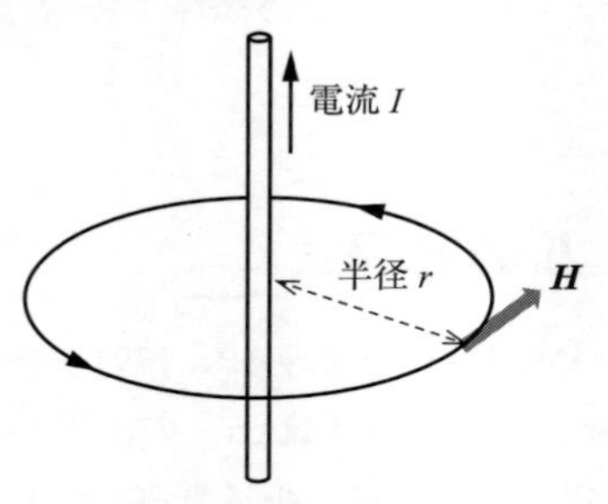

図2・4　アンペールの法則

式(2·12)は**図2・5**のように表すことができます．この図は電流密度 $\boldsymbol{J}$ および変位電流 $\partial \boldsymbol{D}/\partial t$ から，その周りに磁場が誘導されることを表しています．

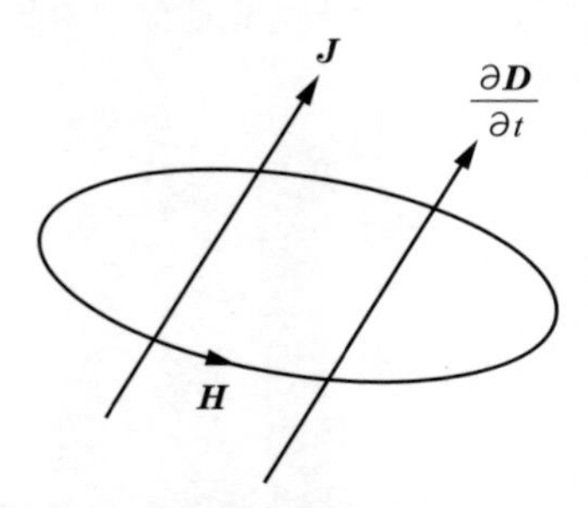

図2・5　電流密度と変位電流からの磁界の誘導

式(2·13)は先に述べたファラデーの電磁誘導の法則を表しています．数式からは，電場 $\boldsymbol{E}$ の大きさはその回路を貫く磁束密度 $\boldsymbol{B}$ の変化の割合に比例する，すなわち磁場が変化すると電場が生じることを表しています．

式(2·14)は，電束密度 $\boldsymbol{D}$，すなわち電場に関するガウスの法則です．電場は電荷があるところから湧いて出てくることを意味しています．式(2･15)は，磁束密度$\boldsymbol{B}$，すなわち磁場に関するガウスの法則です．磁場がどこからも湧き出ることはない，すなわちモノポール（例えばN極だけの磁石）は存在しないことを意味しています．

磁束密度$\boldsymbol{B}$は磁場$\boldsymbol{H}$を用いて次式で関係付けられています．このように，磁束密度と磁場は密接に関係しています．

$$\boldsymbol{B}=\mu\boldsymbol{H}\ \text{〔Wb/m}^2\text{〕} \tag{2･17}$$

また，磁束密度$\boldsymbol{B}$に面積Sを乗算したものを磁束ϕと定義されています．

$$\phi=\boldsymbol{B}S\ \text{〔Wb〕} \tag{2･18}$$

Iの電流が流れている無限長の導線からr離れた位置にできる磁束密度$\boldsymbol{B}$の大きさは，アンペールの法則を表す式(2･16)と式(2･17)から次式が導かれます．

$$B=\frac{\mu I}{2\pi r} \tag{2･19}$$

2-4　マクスウェルの方程式と電磁場のエネルギーの関係

マクスウェルの方程式の式(2･12)と式(2･13)から電磁場のエネルギーを導出することができます．さらに，電磁場のエネルギーの性質ならびにポインティングベクトルとのかかわりも知ることができます．式(2･12)の両辺と$\boldsymbol{E}$の内積結果から式(2･13)の両辺と$\boldsymbol{H}$の内積結果を減算すると次式が得られます．

$$\boldsymbol{E}\cdot\mathrm{rot}\,\boldsymbol{H}-\boldsymbol{E}\cdot\frac{\partial\boldsymbol{D}}{\partial t}-\boldsymbol{H}\cdot\mathrm{rot}\,\boldsymbol{E}-\boldsymbol{H}\cdot\frac{\partial\boldsymbol{B}}{\partial t}=\boldsymbol{E}\cdot\boldsymbol{J} \tag{2･20}$$

公式である$\mathrm{div}(\boldsymbol{E}\times\boldsymbol{H})=\boldsymbol{H}\cdot\mathrm{rot}\,\boldsymbol{E}-\boldsymbol{E}\cdot\mathrm{rot}\,\boldsymbol{H}$を用い，さらにその結果に式(2･1)と式(2･2)を代入すると次式が得られます．

$$-\frac{\partial}{\partial t}\left(\frac{1}{2}\varepsilon_0\boldsymbol{E}^2+\frac{1}{2}\mu_0\boldsymbol{H}^2\right)=\boldsymbol{E}\cdot\boldsymbol{J}+\mathrm{div}(\boldsymbol{E}\times\boldsymbol{H}) \tag{2･21}$$

左辺のカッコ内は電磁場のエネルギー密度を表すので，微小体積を用いて体積積分すると，電磁場の全エネルギーUが得られます．

$$-\frac{\partial U}{\partial t}=\int\boldsymbol{E}\cdot\boldsymbol{J}dV+\int\mathrm{div}(\boldsymbol{E}\times\boldsymbol{H})dV \tag{2･22}$$

法線ベクトル$\boldsymbol{n}$を用いたガウスの定理により上式の右辺の第2項は面積分に変換すると次式が得られます．

$$-\frac{\partial U}{\partial t}=\int \boldsymbol{E}\cdot\boldsymbol{J}dV+\int(\boldsymbol{E}\times\boldsymbol{H})\cdot\boldsymbol{n}dS \qquad (2\cdot23)$$

上式は，電磁場のエネルギーの減少量は，熱エネルギーと，積分表面積から外に出ていく式(2･9)のポインティングベクトルの和であることを示しています．よって，ポインティングベクトルは，電磁波が単位時間に単位面積当たりに運ぶエネルギーを表していることがわかります．

演習問題

1. 電磁波の存在がどのようにして確認されたか述べよ.
2. 物理，電磁気学では，特別な性質をもつ空間のことを「場（Field)」と呼ぶ. 電場と磁場の特徴について説明せよ.
3. 電波（電磁波）のエネルギーの表現方法について考察せよ.
4. 静電場のエネルギー密度を電場 $\boldsymbol{E}$ と真空の誘電率 ε_0 を用いて表せ.
5. 電波が空間を伝搬するメカニズムについて考察せよ.
6. 電波の進行方向における，ある地点での電界強度の実効値が π〔V/m〕であった. その地点での単位面積当たりのポインティング電力を求めよ.
7. 体積積分を面積分に変換するガウスの定理を示せ.

第3章

電波が距離の 2 乗に反比例して減衰するのはなぜか

基地局から遠ざかるとスマホのアンテナピクトの本数は減り，通話が途切れたりします．低軌道衛星と地上のスマホが通信できたとしても，受信できる電波の電力は微弱です．このように，無線通信では送信機と受信機間の距離に応じて電波の受信電力は小さくなります．この章では，送受信機間の通信距離が長くなるにつれて受信機での電波の受信電界強度，受信電力が減衰する理由について説明します．

3-1　アンテナの放射特性

3 種類の基本的なアンテナである微小ダイポールアンテナ，等方性アンテナ，および半波長ダイポールアンテナについて，アンテナの放射電力 W とそのアンテナから r 離れた地点での受信電界強度 E の関係を求めます．なお，伝搬路は自由空間（真空中）とします．基本的な解析モデルを**図 3・1** に示します．

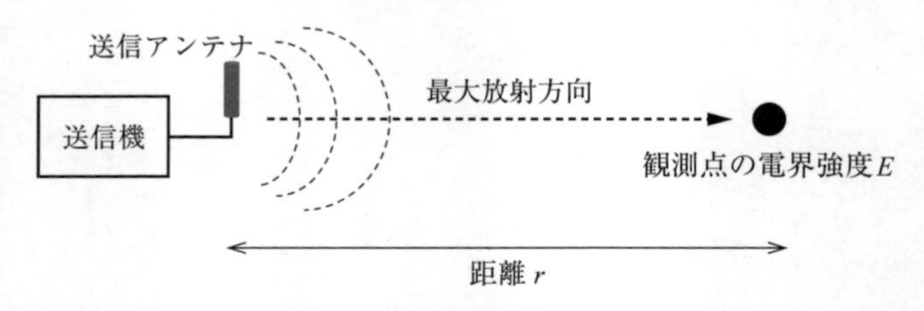

図 3・1　基本的な解析モデル

3-1-1　微小ダイポールアンテナ

アンテナの放射特性を理解するために基本的な微小ダイポールアンテナについて考察します．ここで，微小とは電波の波長に比べてアンテナの長さが十分に短くその長さを無視できることを意味します．**図 3・2** にアンテナの放射界のモデルを示します．3 次元 x, y, z 表示の原点に z 軸方向に長さ l の微小ダイポールアンテナを置き，アンテナ上に角周波数 ω の電流 $I=I_0$ が一様分布すると仮定します．

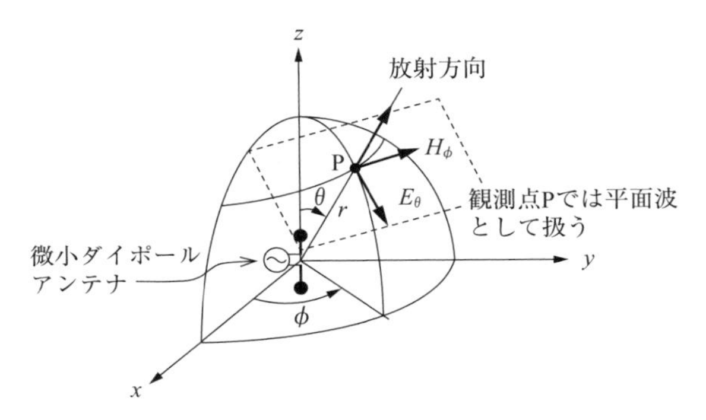

図 3・2　アンテナ放射界のモデル

観測点 P における電界強度，磁界強度の実効値は極座標表示(r, θ, ϕ)とします．観測点 P における電界強度と磁界強度の成分 E_θ と H_ϕ は次式で与えられます．なお，E_θ と H_ϕ は互いに直交し，それらは電波の伝搬方向（r 方向）にも直交します．また，E_θ と H_ϕ の比は式(2・11)で定義した固有インピーダンスになります．

$$E_\theta = j\frac{60\pi l I_0}{\lambda}e^{-jkr}\left\{\frac{1}{r}+\frac{1}{jkr^2}+\frac{1}{(jk)^2 r^3}\right\}\sin\theta \tag{3・1}$$

$$H_\phi = j\frac{l I_0}{2\lambda}e^{-jkr}\left\{\frac{1}{r}+\frac{1}{jkr^2}\right\}\sin\theta \tag{3・2}$$

ここで，$1/r$ に比例する項は放射界と呼び，電力の伝送，すなわち無線通信に寄与するのはこの放射界のみです．以降，無線通信においてはこの放射界のみを考察の対象とします．また，電波は球面波ですが，図 3・2 に示すように点 P では平面波とみなして解析します．したがって，E_θ と H_ϕ は次式で示されます．

$$E_\theta = j\frac{60\pi l I_0}{\lambda r}e^{-jkr}\sin\theta \tag{3・3}$$

$$H_\phi = j\frac{l I_0}{2\lambda r}e^{-jkr}\sin\theta \tag{3・4}$$

関係式を求める手順は，まず上式から放射電力 W を求め，次にその放射電力から r 離れた地点での受信電界強度 E を求めることにします．

微小ダイポールアンテナからの放射電力 W は，半径 r の球を考え，その球面を通過する放射界の全電力に等しいと考えます．球面上の単位面積を通過する電力 P はポインティング電力の定義から次式で求めることができます．

$$P=\frac{E_\theta{}^2}{120\pi}=30\pi\left(\frac{lI_0}{\lambda r}\right)^2\sin^2\theta \tag{3・5}$$

この P に微小面積 $dS=r^2\sin\theta d\theta d\phi$ を乗算して面積分すると放射電力 W が求まります．

$$W=\int_0^{2\pi}\int_0^{\pi}P\cdot r^2\sin\theta d\theta d\phi=60\pi^2\left(\frac{lI_0}{\lambda r}\right)^2 r^2\int_0^{\pi}\sin^3\theta d\theta=80\pi^2\left(\frac{l}{\lambda}\right)^2 I_0{}^2 \tag{3・6}$$

ここで，$80\pi^2\left(\frac{l}{\lambda}\right)^2$ を放射抵抗 R と呼びます．すなわち，電気回路の視点から見れば，送信アンテナには $R=\frac{W}{I_0{}^2}$ の抵抗が存在することになります．

微小ダイポールアンテナから送信される電波の強度が最大となる最大放射方向は $\theta=\pi/2$ ですから，アンテナから r 離れた地点での電界強度は次式から得られます．

$$E=E_{\theta=\frac{\pi}{2}}=\frac{60\pi lI_0}{\lambda r} \tag{3・7}$$

上式の E と式(3・6)で求めた放射電力 W から I_0 を消去すると W と E の関係が求まります．

$$E=\frac{\sqrt{45W}}{r}\ \text{〔V/m〕} \tag{3・8}$$

すなわち，微小ダイポールアンテナからの放射電力を W とすると，最大放射方向におけるアンテナから r 離れた地点での電界強度 E は上式から求めることができます．

コラム1 極座標における微小面積

式(3・6)において，微小面積を用いて面積分を行いました．点Pの場所で θ 方向に微小幅 $d\theta$，ϕ 方向に微小幅 $d\phi$ で定義される長方形を考え，これを微小面積と呼びます．図3・2では $d\theta=r\cdot d\theta$，$d\phi=r\sin\theta\cdot d\phi$ となるので，$dS=d\theta\cdot d\phi=r^2\sin\theta\cdot d\theta\cdot d\phi$ となります．

微小面積を長方形と考えることで半径 R の面積を求めることができます．**図3・3** に示すように2次元極座標表示 $(r,\ \theta)$ で決まる点を dr と $d\theta$ だけ動かすことを考えます．その2次元の移動により定義される微小面積を dS とすると，dS は外円から内円の面積を減算した扇形の面積であり次式から求めることができます．

$$dS=\pi(r+dr)^2\frac{d\theta}{2\pi}-\pi r^2\frac{d\theta}{2\pi}=rdrd\theta+\frac{1}{2}(dr)^2d\theta \tag{3・9}$$

r が小さく右辺の第2項が無視できるとすると次式が得られます．すなわち微小面積 dS は dr と $rd\theta$ を2辺とする長方形の面積であることがわかります．

$$dS=rdrd\theta \tag{3・10}$$

半径 R の面積は dS を積分することで求めることができます．

$$S=\int_0^{2\pi}\int_0^R rdrd\theta=\pi R^2 \tag{3・11}$$

同様に微小体積から球体積を求めることができます．図3・2の3次元極座標表示 (r, θ, ϕ) で決まる点Pが $(dr, d\theta, d\phi)$ だけ増加した微小体積 dV は，dr，$rd\theta$，$r\sin\theta d\phi$ を3辺とする直方体の体積になります．

$$dV=r^2\sin\theta drd\theta d\phi \tag{3・12}$$

よって，半径 R の体積は dS を積分することで求めることができます．

$$V=\int_0^{2\pi}\int_0^{\pi}\int_0^R r^2dr\sin\theta d\theta d\phi=\frac{4}{3}\pi R^3 \tag{3・13}$$

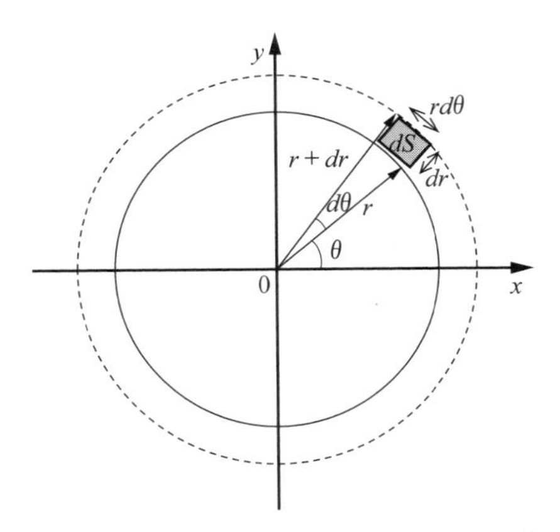

図3・3　2次元極座標における微小面積

3-1-2　等方性アンテナ

等方性アンテナは点状の仮想的なアンテナで，全方向に一定の電界強度で電波を放射します．電界強度の分布が放射方向に依存しないことからアイソトロピック（Isotropic）アンテナとも呼ばれます．

アンテナから r 離れた地点での単位面積当たりの電力 P は，等方性であるから放射電力を球面積で割ることにより得られます．

$$P=\frac{W}{4\pi r^2} \tag{3・14}$$

また，その地点の電界強度を E とすると，単位面積当たりの電力 P はポインティング電力と等しいから次の関係が成立します．

$$P=\frac{W}{4\pi r^2}=\frac{E^2}{120\pi} \tag{3・15}$$

したがって，W と E の関係は次式で与えられます．

$$E=\frac{\sqrt{30W}}{r}\ \text{〔V/m〕} \tag{3・16}$$

このように，全方向に対して r 離れた地点での電界強度は同じです．他のアンテナと対比して，最大放射方向での電界強度を問われた場合も，上式を用いて計算すればよいことになります．

3-1-3　半波長ダイポールアンテナ

微小ダイポールアンテナは，アンテナの性質を理解するうえで重要ですが，エネルギーの反射が大きく放射効率が悪いことから実用的ではありません．等方性アンテナは仮想的なアンテナで実在しません．**図3・4**に示す半波長ダイポールアンテナは，構造が簡単で効率も良く実用的なアンテナの一つです．アンテナの長さ l は半波長に等しく，アンテナ素子（導体）の中央から給電した場合，導体の電流分布は給電点で最大，導体の端で0になります．一方，電圧は導体の両端部で最大となり中央では0になります．なお，電流分布が一定であると仮定した場合のアンテナの実効長 l_e は λ/π になり，半波長より短い値になります．また，導体に電気信号を供給する線を給電線，導体と給電線との接合点を給電点と呼びます．

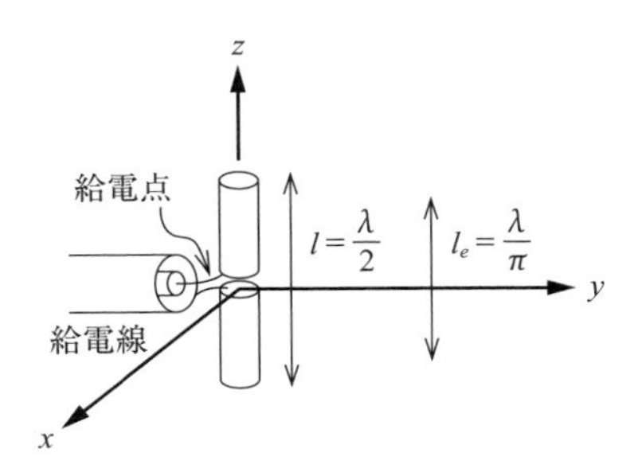

図3・4　半波長ダイポールアンテナの構造

半波長ダイポールアンテナの放射解は，長さ dz の微小ダイポールアンテナの集合体と考え，それぞれの微小ダイポールアンテナから求まる電界強度を全アンテナ長にわたって積分することにより，半波長ダイポールアンテナの放射界を算出します．ここでは結果のみを示します．

$$E_\theta = j\frac{60\pi I_0 \sin\theta}{\lambda r}e^{-jkr}\int_{-\frac{\lambda}{4}}^{\frac{\lambda}{4}}\cos kz\cdot e^{jkz\cos\theta}dz = j\frac{60I_0}{r}e^{-jkr}\frac{\cos\left(\dfrac{\pi\cos\theta}{2}\right)}{\sin\theta} \tag{3・17}$$

最大放射方向は $\theta=\pi/2$ ですから，次式が得られます．

$$E = E_{\theta=\frac{\pi}{2}} = \frac{60I_0}{r} \tag{3・18}$$

一方，ポインティング電力 P の値を用いて放射電力 W が求まります．

$$P = \frac{E_\theta{}^2}{120\pi} = \frac{1}{120\pi}\left(\frac{60I_0}{r}\right)^2\frac{\cos^2\left(\dfrac{\pi\cos\theta}{2}\right)}{\sin\theta} \tag{3・19}$$

$$W = \int_0^\pi\int_0^\pi P\cdot r\sin\theta d\phi r d\theta = 60\pi^2\left(\frac{lI_0}{\lambda r}\right)^2 r^2\int_0^\pi \sin^3\theta d\theta = 73.13I_0{}^2 \tag{3・20}$$

上式の W と式(3・18)の E から I_0 を消去すると W と E の関係が求まります．

$$E = \frac{\sqrt{49.2W}}{r}\ \text{〔V/m〕} \tag{3・21}$$

なお，上式の近似式として次式が用いられる場合があります．

$$E = \frac{7\sqrt{W}}{r}\ \text{〔V/m〕} \tag{3・22}$$

以上の結果をまとめて**表3・1**に示します.

表3・1　最大放射方向における電界強度

アンテナの種類	アンテナの放射電力 W と r 離れた地点での電界強度 E〔V/m〕との関係
微小ダイポールアンテナ	$E=\frac{\sqrt{45W}}{r}$
等方性アンテナ	$E=\frac{\sqrt{30W}}{r}$
半波長ダイポールアンテナ	$E=\frac{\sqrt{49.2W}}{r}\cong\frac{7\sqrt{W}}{r}$

3–2　フリスの伝達公式

3–1節ではアンテナの放射電力 W とそのアンテナから r 離れた地点での受信電界強度 E の関係を求めました. ここでは, **図3・5**に示すように, 無線通信の基本的な伝送路モデルをもとに受信機での受信アンテナ出力 W_R を求める手順を説明します.

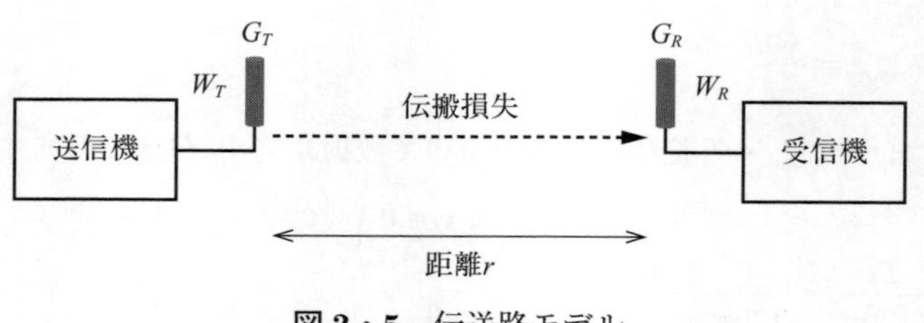

図3・5　伝送路モデル

送信アンテナに入力する電力は W_T, 送受信アンテナ間の距離は r, 送信アンテナ, 受信アンテナの利得はそれぞれ G_T, G_R とします.

受信アンテナの実効面積 S_e の定義は以下の通りです. 電力密度 P〔W/m²〕の空間に受信アンテナを置き, この受信アンテナから Q〔W〕の電力を取り出すことができるとすると, アンテナの実効面積は $S_e=Q/P$ となります. 例えば等方性アンテナのように電波が全方位に放射されたとすると, 等方性アンテナ（放射点）からの距離に応じて単位面積当たりの電波のエネルギー密度, すなわち P は変化します．**図3・6**のように，等方性アンテナを中心とする球体を想定すると，rがr_1からr_2に大きくなるとその球面積は大きくなるので，同じ実効面積のアンテナで受信すると単位面積当たりの電波のエネルギーは減衰することになります．すなわち，Pは球面積$4\pi r^2$に反比例して小さくなります．言い換えると，rが大きくなるに従ってアンテナの実効面積S_eを大きくできると，rに依存する電波エネルギーの減衰はなくなります．非現実的ですが，図3・6の一番右側に示すように送信アンテナを中心とする球面積$4\pi r^2$全体をある受信機の受信アンテナで覆うことができれば，伝搬損失はなくなります．

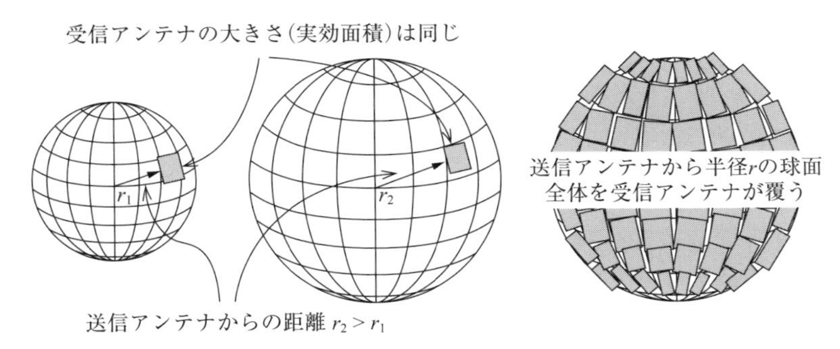

図3・6　電波エネルギーと受信アンテナサイズとの関係

一般的に，アンテナの実効面積は波長λと受信アンテナ利得G_Rを用いて次式で定義されます．

$$S_e = \frac{\lambda^2}{4\pi} G_R \tag{3・23}$$

送信アンテナから放射される電力は$G_T W_T$ですから，そのアンテナからr離れた受信点（受信アンテナ）での電力密度は次式で与えられます．

$$P = \frac{G_T W_T}{4\pi r^2} \tag{3・24}$$

したがって，受信アンテナ出力W_Rは次式で表されます．

$$W_R = P \cdot S_e = \left(\frac{\lambda}{4\pi r}\right)^2 G_T G_R W_T = \frac{1}{L_0} G_T G_R W_T \tag{3・25}$$

上式はフリスの伝達公式（Friis Transmission Formula）と呼ばれます．また，L_0は自由空間伝搬損失と呼ばれます．なお，式(3・25)は真値表示の計算式です．L_0が

1より大きいとき，対数を用いてdBで計算する場合は正の値になります．L_0は次式のように周波数を用いて表すこともできます．

$$L_0 = \left(\frac{4\pi r}{\lambda}\right)^2 = \left(\frac{4\pi rf}{c}\right)^2 \tag{3・26}$$

このように，自由空間伝搬損失は周波数の2乗に比例して高い周波数ほど大きくなることがわかります．同様に，周波数が同じであれば距離の2乗に比例して伝搬損失は大きくなり受信電力は減衰することがわかります．

受信アンテナでの電界強度Eとその実効面積から受信電力を求めることもできます．受信点（受信アンテナ）での電界強度をEとすると，ポインティング電力の考え方からその地点での電力密度は$E^2/120\pi$であるから，受信電力（受信アンテナ出力）は次式で求めることができます．

$$W_R = P \cdot S_e = \frac{E^2}{120\pi}\frac{\lambda^2}{4\pi}G_R = \left(\frac{E\lambda}{\pi}\right)^2\left(\frac{G_R}{480}\right) \tag{3・27}$$

このように，送信アンテナへの供給電力，送信アンテナ利得，送受信アンテナ間の距離から受信電力を求める方法と，受信アンテナでの電界強度Eと受信アンテナの実効面積から受信電力を求める方法があります．

先に述べたようにこれまでの数式は真値表示ですが，受信電力を求める際に送信電力をW（ワット），またはdBmで与えられることがほとんどです．dBmは次式に示すように，1 mWの基準電力と比較した場合の電力表示です．

$$y\,〔\mathrm{dBm}〕 = 10\log\frac{x\,〔\mathrm{mW}〕}{1\,〔\mathrm{mW}〕} \tag{3・28}$$

例えば1 mWは0 dBm，10 Wは40 dBmです．

図3・7は，送信機と受信機間の信号電力の遷移を表したレベルダイアグラム（Level Diagram）で，無線システムを設計する際によく使われます．雑音電力の考え方については1章で説明しました．受信SNRが大きいときは伝送路の品質が良く信号の誤る確率は小さくなり，高次のQAM信号の伝送が可能になります．

3-3　アンテナの基本性能

アンテナの構成法および性能は年々進化しています．8章でも述べますが，無線通信装置を構成するアンテナは無線システムの性能を大きく左右します．ここでは，アンテナの基本性能である利得，偏波，指向性について述べます．

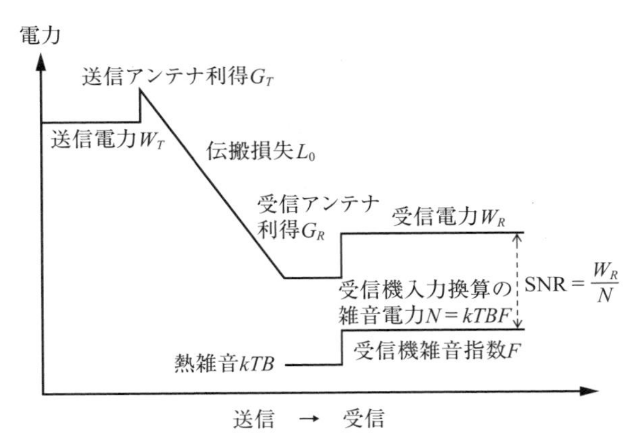

図3・7　送受信機間のレベルダイアグラム

3-3-1　アンテナ利得

送信アンテナ利得は，アンテナに入力された電気信号を電波として空間に放射する際の電力利得を数値化したものです．また，受信アンテナ利得はアンテナで受信した電波を電気信号として出力する際の電力利得を数値化したものです．アンテナ利得は，基準アンテナに対する性能を表すものであり，2種類の利得が定義されています．

① 絶対利得：基準アンテナとして等方性アンテナを用いたときの利得で，その単位はdBiです．

② 相対利得：基準アンテナとして半波長アンテナを用いたときの利得で，その単位はdBd，または単にdBと表記されます．

アンテナ利得の測定法は2種類あります．一つ目の測定法①は，基準アンテナと被試験アンテナにそれぞれ電力W_0とWの電気信号を入力し，最大放射方向の同じ距離における電界強度が両アンテナで同じ（$E_0=E$）になるときの入力電力の比W_0/Wを，被試験アンテナの利得と定義する方法です．この測定法を**図3・8**に示します．

もう一つの測定法②は，基準アンテナと被試験アンテナに同一電力Wを入力したときの，最大放射方向での受信電力の比P/P_0を被試験アンテナの利得と定義する方法です．この測定法を**図3・9**に示します．

送信アンテナに入力する電力をW_T，送信アンテナの絶対利得をG_{Ti}，および同じ送信アンテナの相対利得をG_{Th}とすると，アンテナからr離れた地点での受信

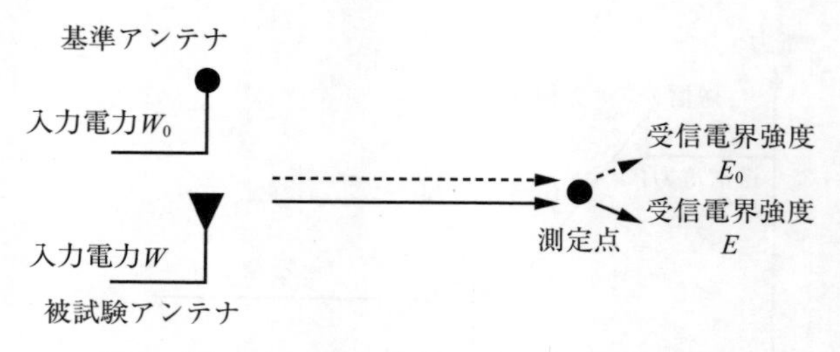

図3・8　アンテナ利得の測定法①

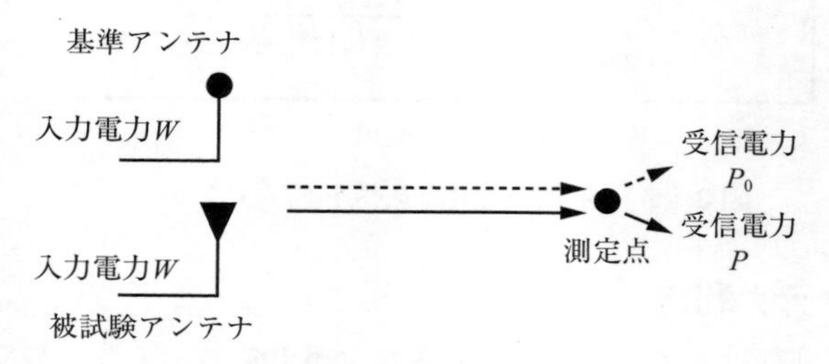

図3・9　アンテナ利得の測定法②

電界強度Eはどちらのアンテナ利得を用いても同じなので次式が成立します．

$$E=\frac{\sqrt{30G_{Ti}W_T}}{r}=\frac{\sqrt{49.2G_{Th}W_T}}{r} \tag{3・29}$$

これより，絶対利得と相対利得の関係は次式となります．dBで比較すると，絶対利得は相対利得より2.15 dB大きな値となります．ちなみに，半波長ダイポールアンテナの絶対利得は2.15 dBiです．

$$G_{Ti}=1.64G_{Th} \tag{3・30}$$

3-3-2　偏波

アンテナから電波を放射するとき，偏波が定義されます．空間に対する電波の電界強度が変化（振動）する面を偏波，あるいは偏波面と呼びます．電波の伝搬方向に対して，偏波面が一定している場合を直線偏波と呼び，偏波面が大地に対して垂直である直線偏波を垂直偏波と呼びます（**図3・10**参照）．偏波面が大地に対して水平である場合を水平偏波と呼びます．直線偏波は主に移動通信システム，地上デジタル放送，ラジオ放送などに使われています．特に放送受信用のアンテナを取り付ける場合は偏波面を合わせて設置する必要があります．直線偏波以外に，円偏波，楕円偏波があります．円偏波は電波の伝搬方向に対して偏波面が回転します．進行方向に向かって右に回転する場合を右旋（Clockwise）円偏波，左に回転する場合を左旋（Counter Clockwise）円偏波と呼びます．円偏波は衛星放送（BS 放送，CS 放送）などに使用されています．

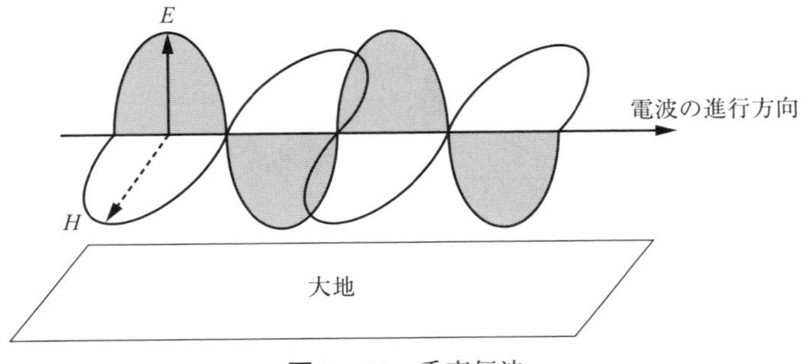

図 3・10　垂直偏波

3-3-3　指向性

指向性とは，送信アンテナから電波を放射するときに放射方向によって電波のエネルギーが異なる特性のことです．指向性アンテナは，特定の方向に電波のエネルギーを集中して送信する，あるいは特定の方向からの電波のエネルギーを受信するアンテナのことです．一方，無指向性アンテナはどの方向に対しても一定の電波のエネルギーを送信するアンテナで，オムニアンテナ（Omni Antenna）とも呼ばれます．指向性と利得は密接な関係があり，指向性が強くなる（ビーム幅が狭くなる）と，その方向でのアンテナ利得は大きくなります．無指向性アンテナは，どの方向に対しても同じアンテナ利得を与えます．一般的には，指向性アンテナの最大アンテナ利得は無指向性アンテナに比べて大きくなります．

指向性はアンテナから放射される電波を 3 次元の放射パターンで表現します．**図 3・11** において，x−y 水平面内指向性を方位角平面パターン（Azimuth−plane），z−y 垂直面内指向性を仰角平面パターン（Elevation−plane）と呼びます．

例えば，半波長ダイポールアンテナの放射パターンは 3 次元で見るとドーナツ状の形をしています．Azimuth−plane で見るとある角度 θ で決まるアンテナ導体軸に垂直な面において，すべての ϕ に対してその地点での電界強度は一定になり，放射パターンは円形になります．すなわち，Azimuth−plane では無指向性になります．一方，Elevation−plane で見ると角度 θ に対して，次式の指向性関数 $E(\theta)$ によって放射パターンは決まります．

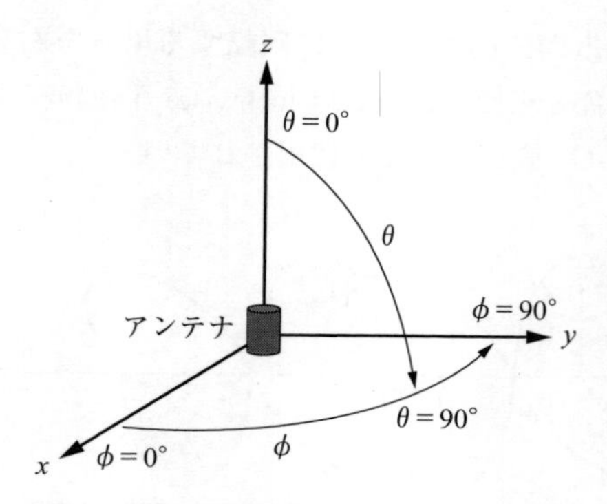

図3・11 3次元の放射パターンモデル

$$E(\theta) = \frac{\cos\left(\dfrac{\pi \cos\theta}{2}\right)}{\sin\theta} \tag{3·31}$$

上式は，式(3·17)の θ に依存する項です．したがって，Elevation–plane では指向性を有していることになります．これらの様子を**図3・12**に示します．

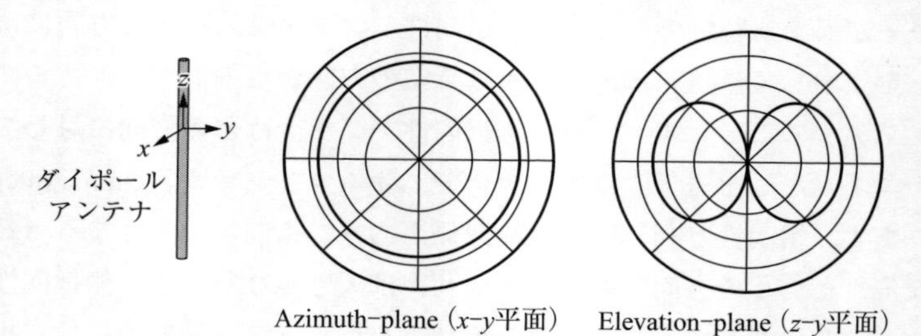

図3・12 ダイポールアンテナの放射パターン

指向性に関連して，アンテナのビーム幅の指標として3 dB ビーム幅が定義されています．これは，アンテナの最大放射方向で決まるアンテナ利得の最大値から3 dB 小さくなる（電力が半分になる）角度の幅です．3 dB ビーム幅が小さくなると，よりシャープなビームを形成します．実際のアンテナは，所望する方向に向けたメインビームの他に，サイドローブ，バックローブと呼ばれる余分なビームも輻射されますが，3 dB ビーム幅はメインビームのみに対して定義されます．バックローブはメインビームの反対側である180° 後方に輻射されるビームで，これらの比を FB 比（Front to Back ratio）と呼びます．これらをまとめて**図3・13**に示します．

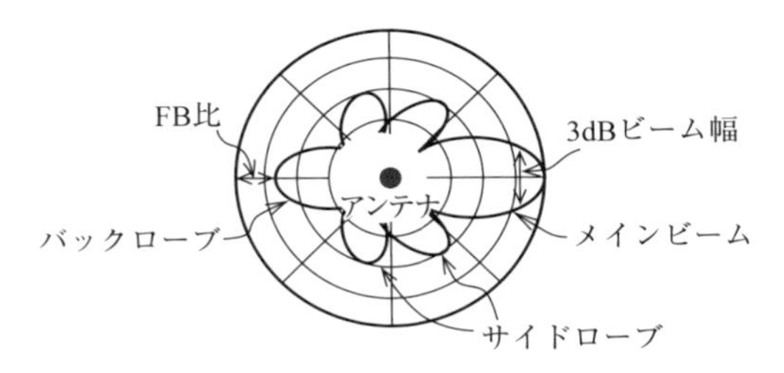

図 3・13 アンテナの 3 dB ビーム幅

送信電力の規格の一つとして等価等方輻射電力（Equivalent Isotropic Radiation Power；EIRP）があります．送信アンテナのアンテナ利得込みの最大放射方向の電波エネルギーと，等方性アンテナの電波エネルギーが同じとなる等方性アンテナへの給電電力を EIRP と呼びます．例えば，最大利得 10 dBi のアンテナに 30 dBm の電力を給電した場合，最大放射方向で比較すると，等方性アンテナに 40 dBm の電力を給電した場合と電波エネルギーが同じになるので，EIRP は 40 dBm になります．

送信アンテナの角度を機械的に傾けることをビームチルトと呼びます．特に．**図 3・14** に示すようにセル方式(詳細は 5 章参照)を用いる移動通信システムでは，基地局において送信電波はビームをやや下方に向けて放射します．これは，基地局が管理するエリア内に電波のエネルギーを集中し，かつ他のエリアにその送信電波が干渉しないことを目的にしています．ただし，技術の進化またはネットワーク構成法の変化により今後はビームチルトの設定方法が変わる可能性もあります．

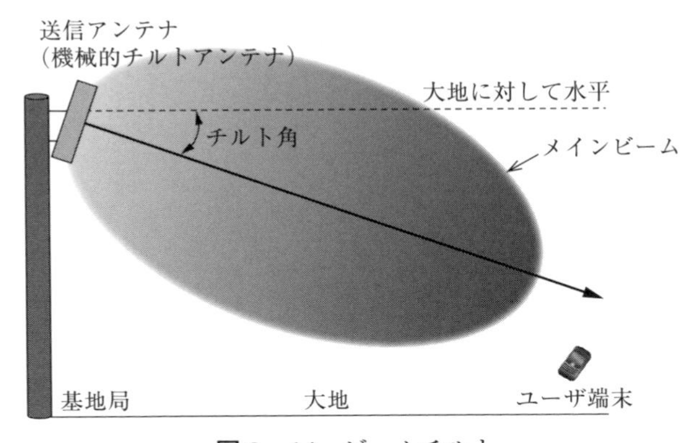

図 3・14 ビームチルト

演習問題

1. 微小ダイポールアンテナの放射電力が5 W（ワット）であるとき，アンテナから最大放射方向に100 m離れた地点での電界強度Eを求めよ．
2. 半波長ダイポールアンテナの放射電力が100/49.2 Wであるとき，アンテナから最大放射方向に距離10 m離れた地点での電界強度Eを求めよ．
3. アンテナの絶対利得と相対利得の違いを測定方法から考察せよ．
4. 半波長ダイポールアンテナへの入力電力を30 Wとして送信したとき，最大放射方向にある受信点の電界強度が20 mV/mであった．同じ送信点に置いた供試アンテナへの入力電力を15 Wとして送信したとき，最大放射方向にある同じ受信点での電界強度が40 mV/mとなった．その供試アンテナの相対利得の値を求めよ．ただし，$\log_{10} 2 = 0.3$として計算してよい．
5. 電波の周波数は3 GHz，送受信機間の距離は$10^3/4\pi$ mとする．このときの送受信機間の伝搬損失を求めよ．ただし，答えの単位はdBとする．また，アンテナ利得込みの電波の送信電力は10 W，受信アンテナ利得は10 dBiとすると，受信機での受信アンテナ出力の受信電力を求めよ．ただし，答えの単位はdBmとする．自由空間（真空中）の条件で計算してよい．
6. 指向性アンテナと無指向性アンテナのそれぞれの特徴を対比して述べよ．

第4章 電波の受信電力が刻々変化するのはなぜか

スマホを移動しながら使用していると電波の受信電力を表示するスマホのアンテナピクト（本数表示）は変化します．同じ場所にいても時間の経過とともに変化する場合もあります．地上デジタル放送では気が付きませんが，アナログ放送のときは季節または時間によって時々映像が悪くなることがありました．また，大雨などの天候不良により衛星放送が視聴不可になる場合もあります．この章では，電波の受信電力が変動する要因について述べます．

4-1 固定通信，放送におけるフェージング

送信機と受信機の間の無線伝搬路の状態が変動する現象，あるいは変動する要因となる現象をフェージング（Fading）と呼びます．このフェージングにより，受信機での電波の受信電力，受信電界強度が変動します．一般的には，受信電力が低下することにより受信SNRが小さくなり符号誤りが起きます．以下のようなタイプのフェージングがあります．

① 干渉性：反射，回折などにより時間差をもって到達した複数の電波が受信点で互いに干渉します．これはマルチパスフェージングとも呼ばれます．

② 吸収性：電離層の電子密度の変動により，電波が電離層を突き抜けたり反射したりすることに起因し，電波の減衰特性は時間とともに変化するフェージングです．

③ 偏波性：偏波面が時間的に変化します．あるいは，直線偏波であっても電離層で反射するときに楕円偏波になる場合もあります．

④ K型：伝搬状況を直線的に表すために地球半径をK倍した等価地球半径Kが導入されています．しかし，大気の屈折率分布の変化によりこのKが時間変

動するため直接波と大地反射波との通路差が変動するフェージングです．

⑤　跳躍性：電離層の電子密度変動により電波の反射波が受信できたり，あるいは電離層を突き抜けるため受信不能になったりする現象です．

また，春から夏にかけて，高度約100 km付近に局所的に発生する電離層（スポラディックE層）が形成されると，VHF帯（30～300 MHz）の電波はそこで反射し，遠方のラジオ局放送が聞こえる現象もあります．

4-1-1　フレネルゾーン

送信機と受信機にパラボラアンテナなどの指向性の強いアンテナを用いた長距離の無線通信の場合，**図4・1**に示すようなフレネルゾーン（Fresnel Zone）の確保が重要になります．特に，フレネルゾーンの中でもエネルギー伝達に寄与するのは第1フレネルゾーンです．これはイメージ的には送受信アンテナ間の最短距離を中心とした回転楕円体の空間を表します．送受信機のアンテナ高が十分に大きく第1フレネルゾーンが確保されていれば，受信電力はほぼ自由空間の条件から求まる理論値に等しくなります．また，第1フレネルゾーン半径の60 %以上が確保できれば，通信に影響がないといわれています．

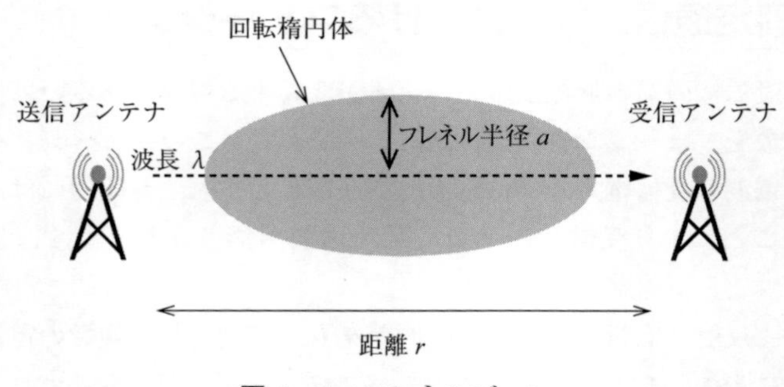

図4・1　フレネルゾーン

無線通信では，「見通し」あるいは「見通し内通信」という用語があります．「見通し内通信」はフレネルゾーンが確保されている環境を指します．逆に，「見通し外通信」もあり，これはフレネルゾーンに障害物があり，電波の反射，回折などが生じる環境を指します．

第1フレネルゾーンは，電波が受信機に最短距離で到達する直接波と，別ルートで到達する反射波との経路差が $\lambda/2$ 以内となる経路からなる回転楕円体の空間です．送信機から反射点までの水平距離 r_1，反射点と受信点との水平距離を r_2，送信機から受信機までの直線距離を r とすると，第1フレネルゾーンの条件から以下の関係式が成立します．

$$\sqrt{r_1{}^2+a^2}+\sqrt{r_2{}^2+a^2}-r=\frac{\lambda}{2} \tag{4・1}$$

よって，上式を解くことによりフレネル半径 a が求まります．

$$a=\sqrt{\lambda\frac{r_1r_2}{r_1+r_2}} \tag{4・2}$$

また，反射点が送受信機の中点であるとき，a は最大値 $a_{\max}$ を与えます．

$$a_{\max}=\frac{\sqrt{\lambda r}}{2}\qquad\left(r_1=r_2=\frac{r}{2}\right) \tag{4・3}$$

したがって，送受信アンテナ間に障害物がないと仮定したとき，第1フレネルゾーンを確保するには，大地を反射点と考えて送受信アンテナの高さは $a_{\max}$ とすればよいことがわかります．

4-1-2　ハイトパターン

送受信アンテナの高さによって，受信アンテナでの電波の受信電力，受信電界強度が変化する現象をハイトパターンと呼びます．これは，アンテナの高さによって直接波と反射波の位相差が変わるため，それらの合成信号の受信電界強度が変化する現象です．具体的には，直接波と反射波が受信アンテナで合成されるとき，二つの波が同位相のとき受信電界強度は大きくなります．一方，二つの波が逆位相のとき受信電界強度は小さくなります．

図4・2 はテレビ放送の伝搬モデルであり，送信アンテナ，受信アンテナの地上高をそれぞれ h_1，h_2，送受信アンテナ間の水平距離を r，電波の波長を λ とすると，受信アンテナでの電界強度 E は次式から求まります．

$$E=2E_{\mathrm{free}}\sin\frac{2\pi h_1h_2}{r\lambda} \tag{4・4}$$

距離 r が十分に長い場合，すなわち，$2\pi h_1h_2\ll r\lambda$ の場合，受信電界強度 E は次式で近似できます．

$$E\cong 2E_{\mathrm{free}}\frac{2\pi h_1h_2}{r\lambda} \tag{4・5}$$

ここで，E_{free} は自由空間伝搬と仮定した場合の電界強度です．E_{free} は半波長ダ

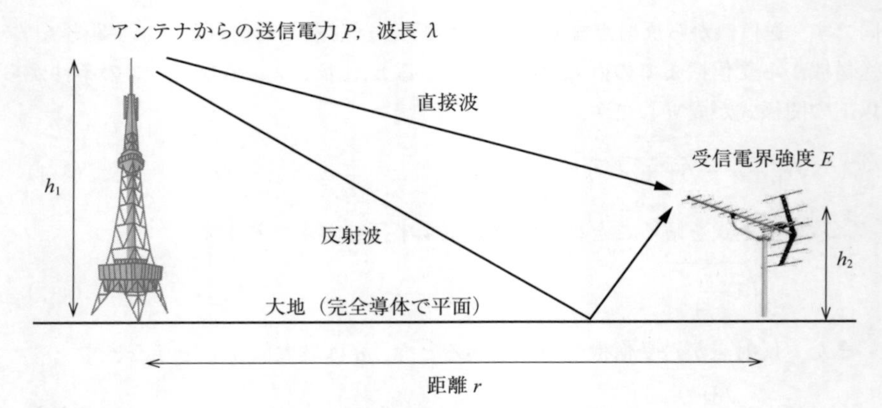

図4・2 テレビ放送の伝搬モデル

イポールアンテナの受信電界強度と等しいと仮定すると，次式を用いて送信電力 P に対する受信電界強度 E を求めることができます．

$$E = 28\pi\sqrt{P}\frac{h_1 h_2}{r^2 \lambda} \tag{4·6}$$

E は $h_1 h_2$ に比例するため，普通はアンテナを高いところに設置しようとします．しかし，アンテナ高が大きくても E が小さくなる場合があります．これは，上記の E はあくまでもおおよその受信電界強度であり，細かく見ると受信アンテナ高 h_2 によって E が周期的に変化します．この様子を**図4・3**に示します．また，この周期をハイトパターンピッチ L_p と呼び，次式で与えられます．数式から明らかなように，L_p は波長に比例（周波数に反比例）します．送信アンテナ高，距離を一定とするとVHF帯に比べUHF帯での L_p は短くなるので，アンテナ高 h_2 の影響を受けやすくなります．

$$L_p = \frac{r\lambda}{2h_1} \tag{4·7}$$

4-2 移動通信におけるフェージング

スマホ，携帯電話などのユーザ端末は移動しながら基地局と通信します．このような移動通信におけるフェージングは，前節の固定通信，放送におけるフェージングと様相が異なります．基本的に見通し外通信でフレネルゾーンが確保され

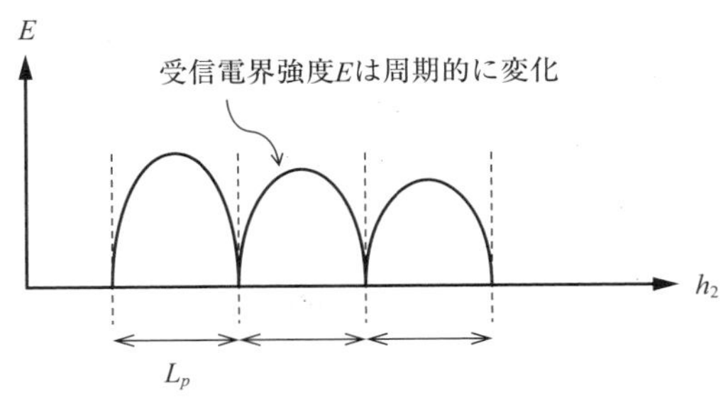

図 4・3　ハイトパターンピッチ

ておらず，大地・建物での反射，回折の影響が非常に大きくなります．したがって，ユーザ端末と基地局間の電波の伝搬損失は電磁界理論から求まる自由空間伝搬損失に比べ大きくなります．また，受信電力の時間変動も大きくなります．この節では，移動通信におけるフェージングのメカニズムについて述べます．

4-2-1　三つの変動要因

移動通信における受信信号電力の変動あるいは伝搬構造は以下の 3 要因から成り立ち，これらの変動要因が複合的に組み合わされた形でモデル化されています．

一つ目の要因は，送受信点間，すなわち基地局とユーザ端末間の距離によって信号電力が変動する距離減衰です．自由空間伝搬損失式では距離の 2 乗に比例して信号電力の損失は大きくなりますが，移動通信では距離の 3〜4 乗に比例して信号電力は減衰（損失）します．なお，距離が同じ場合でも，郊外，都市部などの伝搬区間の環境により距離減衰の特性は変わります．それらの統計的データの中央値を長区間中央値と呼びます．このように距離に対する信号電力の変動を長区間変動と呼びます．

二つ目は，ユーザ端末周りの地形，建物などによる遮へいが原因で信号電力が場所的に変動します．この変動は，短区間変動あるいはシャドーイング（Shadowing）と呼ばれます．“短区間”は数十波長程度（周波数 3 GHz で数 m）の距離を意味し，長区間中央値からの偏移が短区間変動になります．

三つ目は，反射，回折，散乱波によるマルチパスフェージングです．異なる伝搬路を通ってあらゆる方向から到来するマルチパス波を受信することに起因して信号電力が変動します．長区間変動，シャドーイングと同じように距離（長さ）の視点で見ると数波長単位で変動します．この変動は，時間領域で短時間に不規則に変動するため，瞬時変動と呼ばれます．短区間中央値からの偏移が瞬時変動になります．

信号電力が変動する要因とそれらの組合せからなる信号電力損失モデルをまとめて**図4・4**に示します．通常は，短区間変動と瞬時変動は横軸を時間として信号損失を示しますが，この図では横軸を距離で統一して，それぞれの距離（地点）で時間変動している様子を表しています．

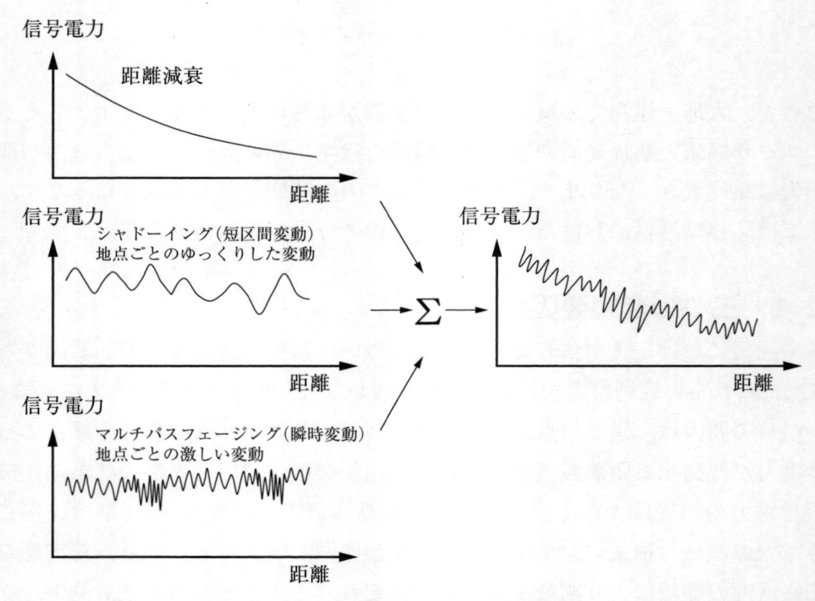

図4・4　移動通信における信号電力損失モデル

4-2-2　Jakesモデルによるマルチパスフェージング

基地局から送信された電波は，反射，回折，散乱によるマルチパス伝搬路を経て移動するユーザ端末に到来します．ユーザ端末の受信機にはそれらの多数の波が干渉した状態で入力されるため，合成信号の受信電力は時間的に変動します．ここでは，遅延時間差のない複数の散乱波を受信するマルチパスフェージングのモデルを想定し，合成した受信信号の振幅と位相がどのような特性を示すかについて述べます．

図4・5は，移動しているユーザ端末を中心とした円周上に等間隔で散乱波が

到来する Jakes モデルを表しています．散乱波の総数は N（$n=1\sim N$）とします．

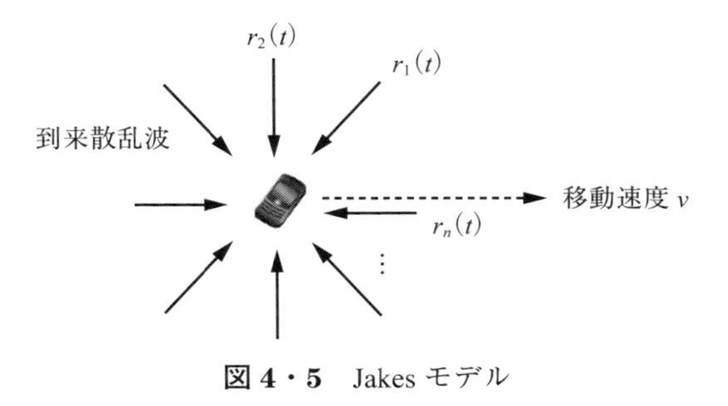

図 4・5　Jakes モデル

送信信号は $S(t)=\mathrm{Re}\{E(t)e^{j2\pi f_c t}\}$ とし，その送信信号の振幅と位相が変動してユーザ端末に到来するとします．n 番目の到来散乱波 $r_n(t)$ の振幅成分を $a_n(t)$，位相成分を $\theta_n(t)$ とすると，$r_n(t)$ は次式で表すことができます．なお，振幅成分，位相成分は送信信号の振幅，位相に対する相対差を表しています．

$$r_n(t)=\mathrm{Re}\{a_n(t)e^{j(2\pi f_c t+\theta_n(t))}\} \tag{4・8}$$

さらに，上式を簡単化するために $\beta_n=a_n(t)e^{j\theta_n(t)}$ とすると，次式が得られます．

$$r_n(t)=\mathrm{Re}\{\beta_n(t)e^{j2\pi f_c t}\} \tag{4・9}$$

N 波の散乱波が合成されると，その総和である受信信号 $r(t)$ は次式で与えられます．

$$r(t)=\sum r_n(t)=\mathrm{Re}\sum \beta_n(t)e^{j2\pi f_c t} \tag{4・10}$$

ここで，$\beta(t)=\sum \beta_n(t)=\sum x_n(t)+j\sum y_n(t)=x(t)+jy(t)$ とおくと次式が得られます．

$$r(t)=\mathrm{Re}\{(x(t)+jy(t))e^{j2\pi f_c t}\}=x(t)\cos 2\pi f_c t-y(t)\sin 2\pi f_c t \tag{4・11}$$

ここで，散乱波の数である N が十分大きく $x(t)$，$y(t)$ それぞれに中心極限定理を適用すると，それぞれは平均が0で等しい分散 σ^2 をもつお互いに独立な正規分布を示します．ここで，$2\sigma^2$ は平均受信電力を表します．さらに，$x(t)=x, y(t)=y$ となる結合確率密度関数 $p(x,y)$ は，x，y それぞれの正規分布の確率密度関数をかけ合わせた形になります．

$$p(x,y)=\frac{1}{2\pi\sigma^2}e^{\left\{-\frac{x^2+y^2}{2\sigma^2}\right\}} \tag{4・12}$$

合成された受信信号 $r(t)$ の意味を理解しやすくするために，$r(t)$ を振幅 $R(t)$ と位相 $\phi(t)$ の極座標表示に変換すると次式が得られます．

$$r(t)=R(t)\cos\{2\pi f_c t+\phi(t)\} \quad \leftarrow \quad x(t)\cos 2\pi f_c t-y(t)\sin 2\pi f_c t \tag{4・13}$$

ここで，$x(t)$，$y(t)$は次式で表されます．

$$x(t)=R(t)\cos\phi(t),\ \ y(t)=R(t)\sin\phi(t) \tag{4・14}$$

ヤコビアンの定義を用いると，$R(t)=R$，$\phi(t)=\phi$ のそれらの結合確率密度関数$p(R,\phi)$は次式で表すことができます．

$$p(R,\phi)=\frac{R}{2\pi\sigma^2}e^{\left\{\frac{-R^2}{2\sigma^2}\right\}} \tag{4・15}$$

Rとϕは互いに独立なランダム確率変数であり，それぞれの確率密度関数は次式で与えられます．

$$p(R)=\frac{R}{\sigma^2}e^{\left\{\frac{-R^2}{2\sigma^2}\right\}} \tag{4・16}$$

$$p(\phi)=\frac{1}{2\pi} \tag{4・17}$$

式(4・16)は合成された受信信号の振幅Rの確率密度関数を表しており，このような連続型確率分布をレイリー分布と呼びます．振幅Rの確率密度関数$p(R)$がレイリー分布に従う場合，このようなフェージングをレイリーフェージングと呼びます．$R=\sigma$ は$p(R)$の最大値を与えます．また，式(4・17)から見てわかるように，合成された受信信号の位相ϕの確率密度関数$p(\phi)$は2π（$-\pi\leq\phi\leq\pi$）の区間で一様分布します．振幅Rと位相ϕの確率密度関数の例をそれぞれ**図4・6**の（a）と（b）に示します．また，$R(t)$の時間変動特性は**図4・7**のようになります．

マルチパス伝搬モデルであるJakesモデルに直接波が重畳されたフェージングをライスフェージングと呼びます．直接波の振幅をXとすると，振幅Rの確率密度関数は次式で与えられます．

$$p(R)=\frac{R}{\sigma^2}e^{\left\{\frac{-(R^2+X^2)}{2\sigma^2}\right\}}I_0\left(\frac{RX}{\sigma^2}\right) \tag{4・18}$$

ここで，I_0はゼロ次の修正ベッセル関数です．

また，直接波と反射波である散乱波の平均電力の比はライス係数（Rician Factor），あるいはKファクタと呼ばれ次式で与えられます．

$$K=10\log\frac{X^2}{2\sigma^2} \tag{4・19}$$

Kが大きくなると，$p(R)$は$R=X$を中心とする正規分布に近づきます．一方，

$K \to -\infty$，すなわち $X \to 0$ になると式(4･18)は式(4･16)と同じになります．

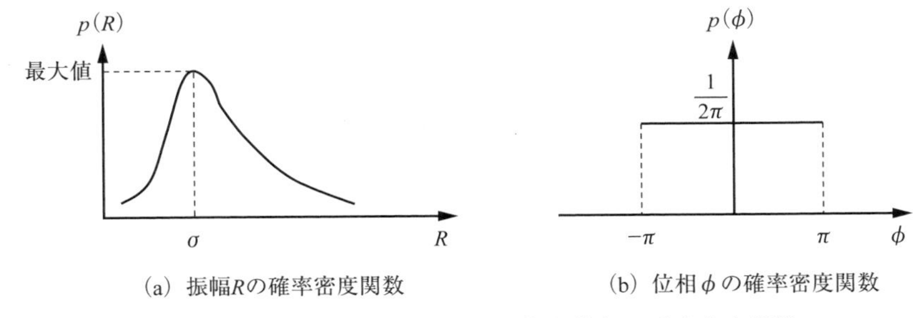

(a) 振幅Rの確率密度関数　(b) 位相ϕの確率密度関数

図 4・6　合成された受信信号の振幅と位相の確率密度関数

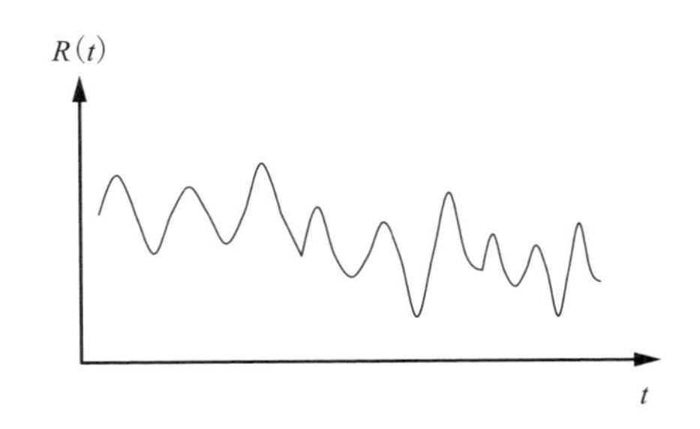

図 4・7　合成された受信信号の振幅の時間特性

ユーザ端末が移動している場合，基地局から送信する電波の周波数と，ユーザ端末で観測される周波数は異なります．このような現象をドップラー効果（Doppler Effect），またはドップラーシフト（Doppler Shift）と呼びます．ユーザ端末の移動速度を v，電波の周波数を f_c とすると，次式で定義される周波数 f_D を最大ドップラー周波数と呼びます．

$$f_D = \frac{v \cdot f_c}{c} \tag{4･20}$$

例えば，移動速度 $v = 36$ km/h，周波数 $f_c = 3$ GHz の場合，最大ドップラー周波数は 100 Hz になります．図 4・5 に示した Jakes モデルでは，ユーザ端末の移動方向に対して散乱波はすべての方向から到来するので，散乱波ごとにドップラーシフトの値は異なります．例えば移動方向（水平方向）からのある散乱波の到来角度を θ とすると，その散乱波の f_D は $v\cos\theta$ となり N 種類の f_D が存在することになります．それぞれの散乱波のドップラーシフトの電力強度を $D(f)$ として表したのが**図4・8**になります．このように，ドップラーシフトは$-f_D \leq f \leq f_D$の範囲で広がりをもつことがわかります．このドップラーシフトの広がりをドップラースプレッド（Doppler Spread）と呼びます．一般的には，ドップラースプレッドが広くなると，すなわち最大ドップラー周波数f_Dが大きくなると，レイリーフェージング環境下での受信電力の時間変動は大きくなります．

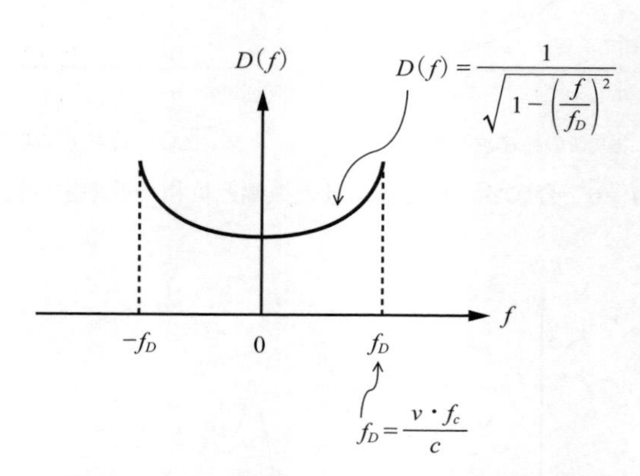

図4・8　ドップラーシフトの電力強度特性

コラム2　正規分布，中心極限定理，レイリー分布

変数xが，平均μ，分散（標準偏差）σ^2の正規分布に従うとき，その確率密度関数は次式で与えられます．なお，正規分布はガウス分布とも呼ばれます．

$$f(x) = \frac{1}{\sqrt{2\pi\sigma^2}} e^{\left\{-\frac{(x-\mu)^2}{2\sigma^2}\right\}} \tag{4・21}$$

$f(x)$は平均値を中心に左右対称になります．また，$\mu=0$，$\sigma^2=1$のとき，この分布は標準正規分布と呼ばれ，式(4・21)は次式となります．

$$f(x) = \frac{1}{\sqrt{2\pi}} e^{\left(-\frac{x^2}{2}\right)} \tag{4・22}$$

中心極限定理は，ある確率分布に従う母集団から抽出された標本の数が十分大きいとき，標本平均の分布は正規分布に従うという定理です．

$x \geq 0$を変数とする確率密度関数$f(x)$が次式で与えられるとき，その連続型確率分布をレイリー分布と呼びます．図4・6（a）に照らし合わせると，合成された受信信号の平均電力が小さいとき，合成された受信信号の振幅が小さい発生確率は大きくなることを意味しています．

$$f(x) = \frac{x}{\sigma^2} e^{\left(-\frac{x^2}{2\sigma^2}\right)} \tag{4·23}$$

4-2-3　遅延時間差を有するマルチパスフェージング

4-2-2項では，ユーザ端末を中心とした円周上に等間隔で散乱波が到来するJakesモデルをもとに，散乱波間の遅延時間差がない条件でのマルチパスフェージングについて説明しました．ここでは，遅延時間差を無視できないマルチパス波によるマルチパスフェージングについて述べます．基地局の送信信号が振幅と遅延時間の異なる三つのパスを通過してユーザ端末で受信する様子を**図4・9**に示します．遅延特性を統計的に表現するフェージングチャネルの様相を遅延プロファイル（Delay Profile）と呼びます．また，遅延時間のばらつきの標準偏差，すなわち平均値からの広がりを示す指標を遅延スプレッド（Delay Spread）と呼びます．遅延スプレッドは一般的に送受信機間の距離が長くなるに従って大きくなります．

図4・9に示す遅延プロファイルと受信機でそれらのマルチパス波を合成した波の様子を**図4・10**に示します．

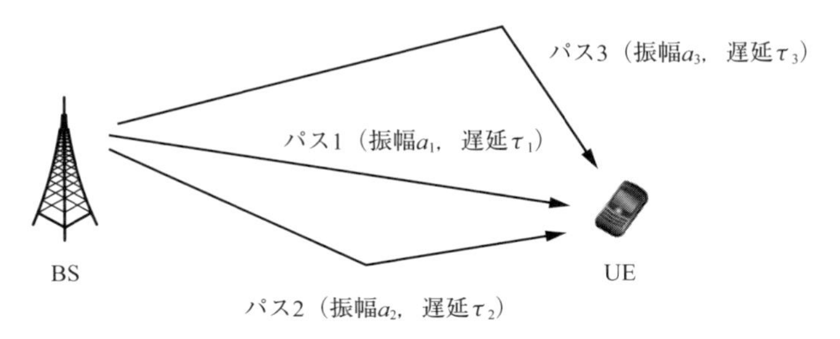

図4・9　遅延時間差を有するマルチパスフェージング

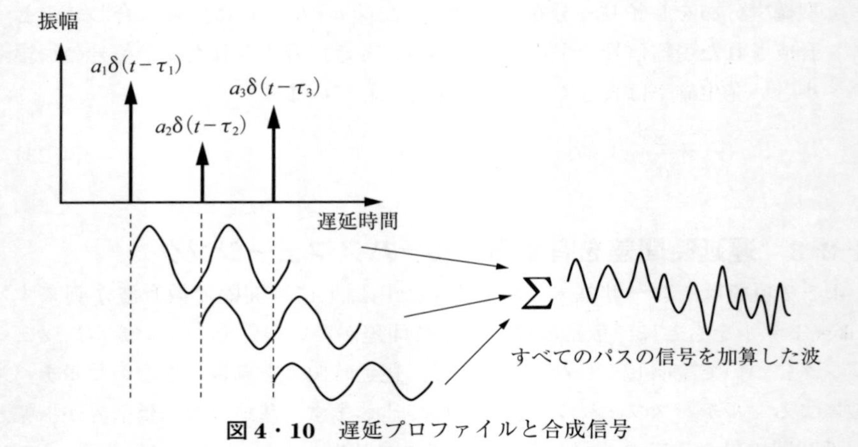

図4・10　遅延プロファイルと合成信号

このときの，無線区間のチャネルインパルス応答 $h(t)$ はそれぞれのパスのインパルス応答の和で表すことができます．

$$h(t)=a_1\delta(t-\tau_1)+a_2\delta(t-\tau_2)+a_3\delta(t-\tau_3)=\sum_{n=1}^{3}a_n\delta(t-\tau_n) \qquad (4\cdot24)$$

ここで，a_n，τ_n はそれぞれのパスの振幅と遅延時間を表します．

送信信号を $S(t)$ とすると，受信機での合成信号 $y(t)$ は $S(t)$ とチャネルインパルス応答 $h(t)$ の畳み込み演算から求めることができます．

$$y(t)=h(t)*S(t) \qquad (4\cdot25)$$

$y(t)$ の特徴を理解するためによく用いられフェージングモデルとして，直接波と一つの反射波からなる2波モデルがあります．このモデルは，直接波と反射波の遅延時間差が比較的大きい長距離の固定マイクロ波伝送のフェージングモデルとしてよく使われています．直接波は送信信号 $S(t)=E(t)e^{j2\pi f_c t}$ と同じ，反射波の直接波に対する振幅比，遅延時間差および位相差がそれぞれ ρ，τ，θ で与えられるとすると，$y(t)$ は次式で与えられます．

$$y(t)=E(t)e^{j2\pi f_c t}+\rho\cdot E(t-\tau)e^{j(2\pi f_c t-\theta)} \qquad (4\cdot26)$$

$y(t)$ の周波数特性 $Y(f)$ は，$\Delta f=f-f_c$ として次式で与えられます．

$$Y(f)=E(\Delta f)\{1+\rho\cdot e^{-j(2\pi\Delta f\tau-\theta)}\}=E(\Delta f)\cdot T(f) \qquad (4\cdot27)$$

ここで，$T(f)$ の絶対値は上記2波モデルにおいて，周波数に対する振幅の伝達関数を表します．

$$|T(f)|=\sqrt{1+\rho^2+2\rho\cos\{2\pi\Delta f\tau-\theta\}} \qquad (4\cdot28)$$

$|T(f)|$ は最大値，最小値をそれぞれ $20\log(1+\rho)$，$20\log(1-\rho)$ とする周期 $1/\tau$ の関数です．したがって，遅延時間差 τ が大きくなると周波数に対する振幅の変動特性が大きくなります．同様に ρ が大きくなると（1 に近づくと）振幅の最大と最小の差が大きくなり帯域内偏差が大きくなることがわかります．広帯域幅の信号を伝送するとき，反射波の ρ，τ が大きくなると，その信号は周波数選択性フェージングの影響を受け帯域内振幅偏差（波形歪み）が生じます．一方，狭帯域信号を伝送するときは，受信信号電力は時間変動しますが波形歪みは生じません．このような現象を周波数特性をもたない振幅が一様なフラットフェージングと呼びます．この様子を**図 4・11** に表します．

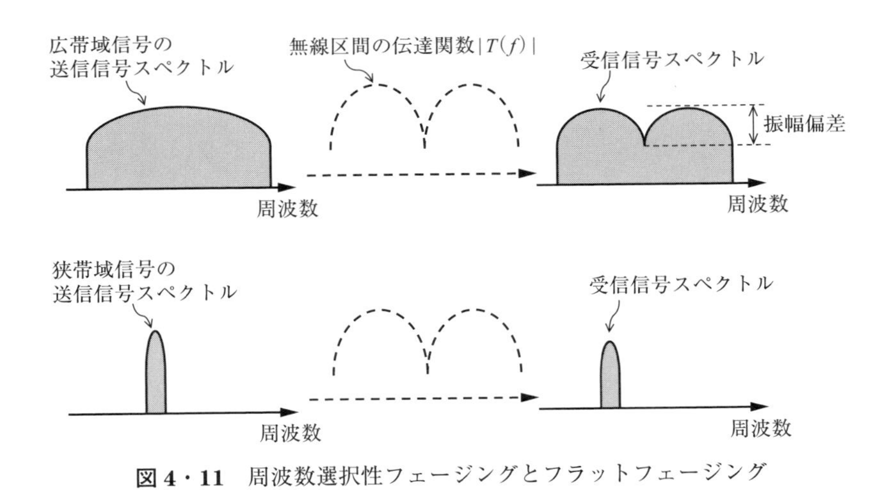

図 4・11 周波数選択性フェージングとフラットフェージング

フェージングチャネルのプロファイルは，**図 4・12** に示すタップ遅延線（Tapped Delay Line；TDL）モデルとして表現する場合もあります．このプロファイルは遅延プロファイルとほぼ同様で，それぞれのパスにライス分布またはレイリー分布の情報を付記したものです．1 番目のタップは見通し内のパスでその振幅はライス分布し，2 番目以降のタップは見通し外のパスでその振幅はレイリー分布することを表しています．

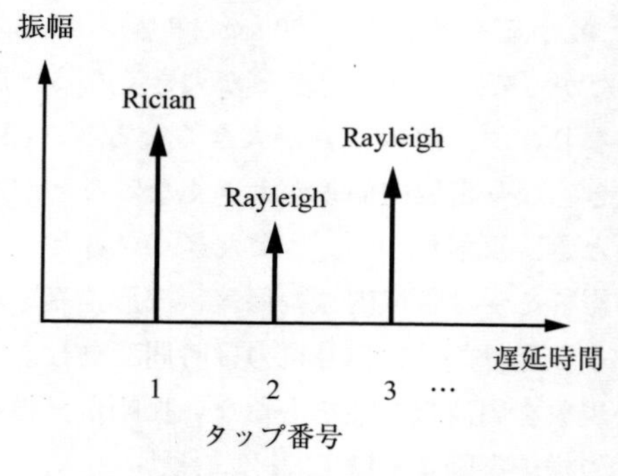

図4・12 タップ遅延線モデル

演習問題

1. 周波数が3 GHz，送受信アンテナ間の距離が10 kmの場合の最大フレネル半径を求めよ．ただし，送受信アンテナ高は十分に高いものとする．また，$\sqrt{10}=3.16$で計算してよい．

2. 電離層における電波の減衰が，時間とともに比較的ゆるやかに変化するために生じるフェージングの呼称を述べよ．

3. 超短波（VHF）帯の電波が，スポラディックE層（Sporadic E Layer）で反射され，見通し距離をはるかに越えた遠方で受信できる現象がある．スポラディックE層について考察せよ．

4. マルチパスフェージングとはどのような現象か述べよ．また，マルチパス波間の遅延時間差が無視できない場合に問題となる事柄について述べよ．

5. 2波モデルにおける振幅の伝達関数を求めよ．

6. 移動通信の分野では，基地局とユーザ端末間の伝搬損失は自由空間の伝搬損失と異なる．その理由を考察せよ．

7. レイリーフェージングとライスフェージングの現象を対比して説明せよ．

8. 周波数が2 GHzの電波を用いてユーザ端末が基地局と通信している．ユーザ端末の移動速度が3 km/hとすると，その端末で観測される最大ドップラー周波数を求めよ．

9. 遅延プロファイルから無線区間のフェージングチャネルについてわかることを述べよ．

第5章 移動通信はセルラーとも呼ばれる，その理由は

スマホ，携帯電話などのユーザ端末は移動しながら基地局と電波を用いて通信します．移動しながら通信ができるということは，基地局を含むモバイルネットワークはユーザ端末の状態を常に管理していることになります．一つの基地局がカバーできる範囲（サービスエリア）は限られているため，日本全国をカバーするために基地局は全国に数万局設置されています．したがって，ユーザ端末が移動しながら通信を継続できるためには，接続先の基地局が逐次変更されることになります．この章では，移動通信システムの基礎的事項であるセル方式，つながる仕組み，およびハンドオーバ機能について説明します．

5-1　セル方式と位置登録

移動通信システムは**図5・1**に示すようなセル方式をもとに構築されています．日本全国を多数のセルに分割し，それぞれのセルに基地局を設置してサービスエリアを形成します．セルの大きさは都会と郊外で異なり，半径数百mから数kmくらいです．セルは英語で細胞またはハチの巣の個室を意味するcell，携帯電話のことを海外ではcellular phoneまたはmobile phoneと呼びます．同様に移動通信システムはセルラーシステム（Cellular Communication System），またはモバイルシステム（Mobile Communication System）と呼びます．スマートウォッチなどでは，Wi-Fiモデルと対比して4Gや5Gに対応するものをセルラーモデルと呼ばれています．

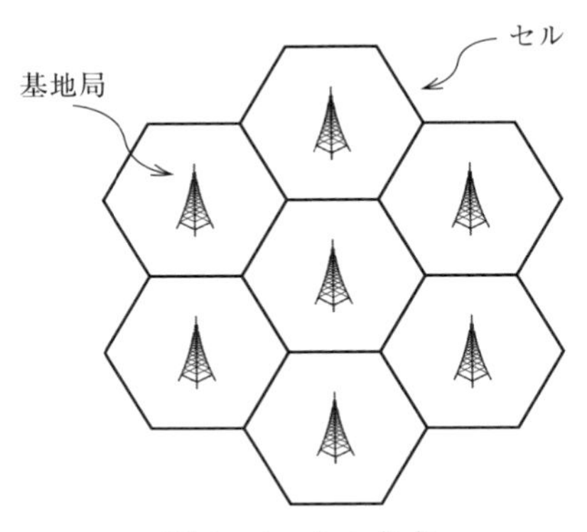

図5・1　セル方式

移動通信システムにセル方式を用いる理由は，周波数の有効利用，システム容量の増大，および基地局とユーザ端末の送信電力の緩和です．ここでセル方式の効果を理解するために比較対象として非常に大きな範囲を想定し，その大きな範囲を一つの基地局でカバーするとします．セルはその大きな範囲を分割したサイズとした場合，セルはセルごとに周波数帯域を使用できるため，またシステム容量は基地局の数に比例するため，周波数の有効利用とシステム容量の増大が可能になります．またセル方式は，大きな範囲に比べて基地局とユーザ端末間の距離を短くできるためそれぞれの送信電力を小さくすることができます．

位置登録は，ユーザ端末のおおまかな位置をモバイルネットワークが把握する技術です．セル方式による移動通信システムでは，ユーザ端末が時々刻々と移動するため，ユーザ端末と基地局との接続を瞬時に行うためにはモバイルネットワークがユーザ端末の位置を常に把握しておく必要があるからです．モバイルネットワーク内には，ユーザ端末の位置登録情報を管理するネットワーク設備があり，その情報は逐次更新されています．なお，ユーザ端末が移動していない状況でも，周期タイマなどに従ってその位置登録情報は定期的に更新されています．

ユーザ端末，特にスマホにはGPSを利用した位置情報サービスのアプリがあります．例えば自分のいる場所に基づいた周辺のおすすめコンテンツが自動的に表示されます．また，地図アプリと連携して現在地と目的地，さらにはその間のルート検索も行えます．しかし，位置登録と位置情報サービスの意味は全く異なります．位置登録はユーザ端末の位置をピンポイントで測定しておらず，またそれをもとにユーザにサービスを提供する機能でもありません．あくまでもモバイルネットワークとの接続のために必要なモバイル事業者側の機能です．

位置登録は，セル（基地局）単位ではなく複数のセルをまとめて一つの位置登録エリアとしています．**図5・2**の（b）は，七つのセルの中で四つと三つをまとめ，それぞれを2種類の位置登録エリア1と2に設定している例です．図5・2の（a）は，セル単位で位置登録エリアを設定した場合です．セル単位で位置登録すると，位置登録用の制御信号の通信量が膨大になりモバイルネットワークに負荷を与えます．逆に位置登録エリアが大き過ぎると，あるユーザ端末を呼び出すときにむだな制御信号が増えてネットワークに負荷を与えます．このトレードオフの関係を考慮して最適な位置登録エリアのサイズを決定します．

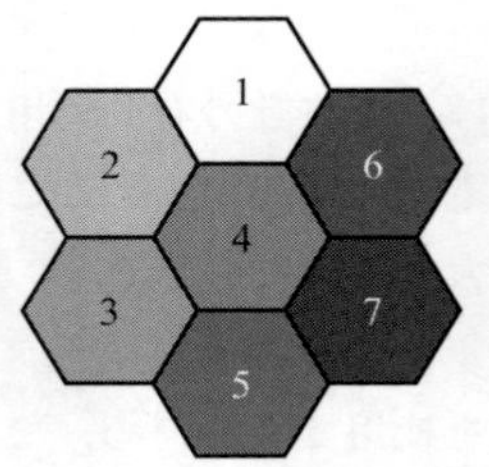

（a）セル単位の位置登録

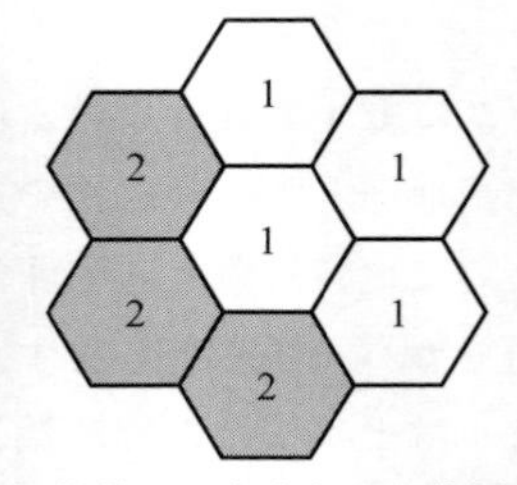

（b）複数セルをまとめた位置登録

図5・2　位置登録

一斉呼び出しは，ユーザ端末に着信やメールがあった場合，そのユーザ端末の「位置登録エリア内の全基地局」から，そのエリア内に登録されたすべてのユーザ端末に一斉呼び出しをかける仕組みのことです．この一斉呼び出しのことをページング（Paging）ともいいます．一斉呼び出しは，ページングチャネル（Paging Channel；PCH）という制御チャネルを使って行われます．このページングチャネルは，基地局からユーザ端末に対して単一または複数セルの広いエリアに同一の情報を一斉に転送するチャネルです．図5・2の（b）の複数セルをまとめた位置登録方法では，番号1の四つのセルに位置登録されていたユーザ端末に着信があった場合，その四つのセルに位置登録されている他のすべてのユーザ端末も一斉呼び出しの対象になります．

5-2　つながる仕組み

図5・3は，基地局Aと接続されたユーザ端末Aは同じ携帯電話事業者と契約している基地局Bと接続されたユーザ端末Bと通信しているネットワーク構成図を表しています．交換局は基地局の上位にあり複数の基地局を管理することができ，また交換局間で信号を転送する機能を有しています．この場合は，交換局A，Bはそれぞれ基地局A，Bを管理しています．なお，基地局と交換局，交換局間は光ファイバなどの有線で接続されています．このように，ユーザ端末と基地局間は電波を介して通信していますが，交換局を介した基地局間は電気および光信号により情報信号の転送が行われています．図においてHLR（Home Location Register）は位置登録の処理を行うネットワーク設備です．

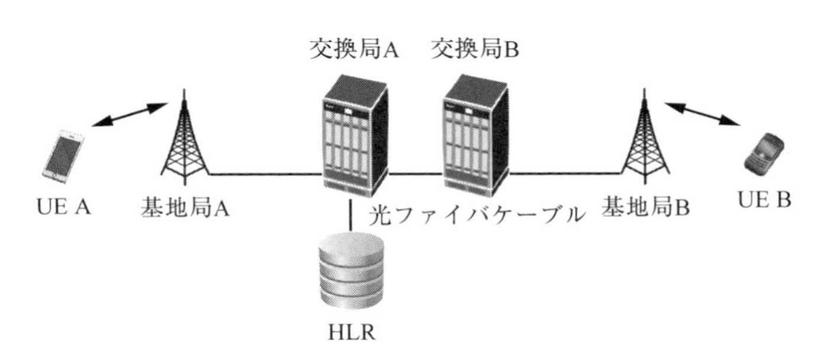

図5・3　ユーザ端末AとBの通信

図5・4は，ユーザ端末AとBの通信が始まる前の接続手順を時系列的に表したもので，一般的に接続シーケンスと呼ばれます．この接続シーケンスの概要は以下のとおりです．

① ユーザ端末Aが制御チャネルを用いて発呼（発信）
② 基地局Aがその情報を受け取り，交換局Aに転送
③ 交換局Aが，HLRに相手であるユーザ端末Bの位置登録エリアを問合せ
④ ユーザ端末Bの位置登録エリアの交換局Bに，発信者の情報を転送
⑤ 交換局Bが位置登録エリア内のすべての基地局から一斉呼び出しをかける
⑥ 相手であるユーザ端末Bが基地局Bを介して応答
⑦ ユーザ端末Aと基地局A，およびユーザ端末Bと基地局Bのチャネルが確立
⑧ ユーザ端末Aとユーザ端末Bが通信を開始

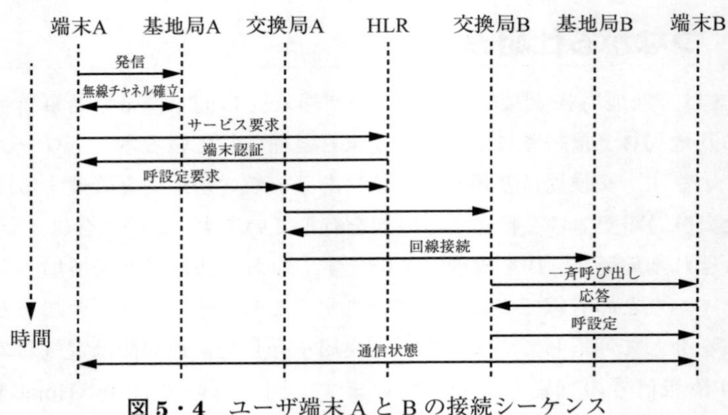

図5・4　ユーザ端末AとBの接続シーケンス

図5・5は，インターネット接続事業者ISPを介してインターネット接続するネットワーク構成図です．**図5・6**は，家庭の固定電話とユーザ端末が通信するネットワーク構成図です．この場合，固定電話事業者の交換機を介してモバイルネットワークの交換機に接続されます．

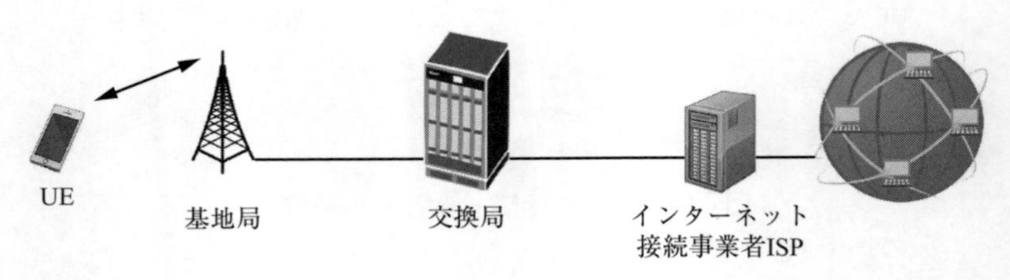

図5・5　インターネット接続

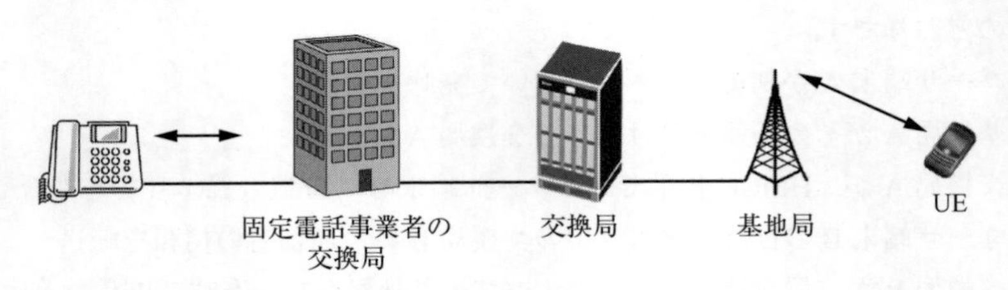

図5・6　固定電話とユーザ端末の接続

5-3　ハンドオーバ

ユーザ端末が移動すると接続先の基地局が自動的に切り替わる機能をハンドオーバ（Handover）またはハンドオフ（Handoff）と呼びます．これはモバイルネットワークが行う処理であり，ユーザ自らが接続先の切替え操作を行うわけではありません．このハンドオーバ機能により，接続先の基地局が変わっても通信が途絶えることはなく，通信が継続されます．ただし，ハンドオーバが行われるためにはいくつか条件があります．一つ目は，ユーザ端末は常に複数の基地局からの下り参照信号（Reference Signal；RS）を受信しそれぞれの受信電力を測定できることです．要するに，ユーザ端末は切替え先の基地局候補の情報を常時ネットワーク側に送信しているということです．二つ目は，接続中の基地局と移行先の基地局間あるいはネットワーク上の装置間で，ユーザ端末の情報およびデータの授受がどこまで行われたかを検出しさらに未達のパケットデータを転送できることです．三つ目は，ハンドオーバする際に極めて短い時間で移行先基地局への切替え処理が行えることです．

図5・7は，ユーザ端末の移動に伴って各基地局からの下り参照信号の受信電力が変化し，それらの大小によってハンドオーバが実行される概念図を表しています．参照信号の受信電力がある閾値を下回るとハンドオーバ処理が開始され，その閾値を上回る基地局に接続先が切り替わります．

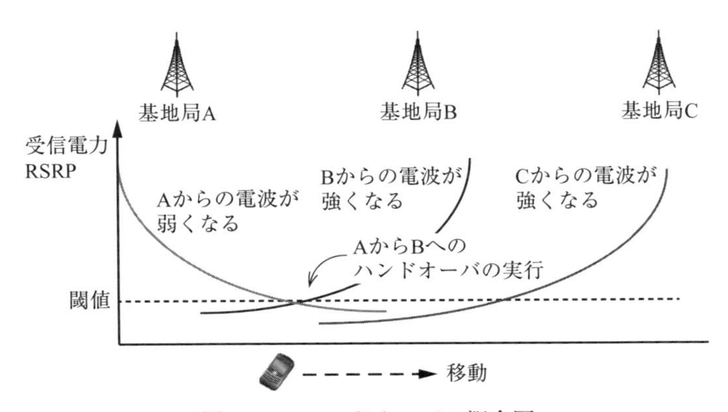

図5・7　ハンドオーバの概念図

3種類の対比するハンドオーバ方法について説明します．一つ目の対比するハンドオーバは，ハードハンドオーバとソフトハンドオーバです．ハードハンドオーバは，セル間を移行する際に元のセルとの通信チャネルを解放した後，移行先セルとの通信チャネルを設定する方法です．一方，ソフトハンドオーバは元のセルとの通信チャネルを解放する前に移行先との通信チャネルを設定する方法で，ある短い時間内でユーザ端末は二つの基地局と通信チャネルを同時に確立します．この方法は，複数基地局との同時通信という利点を活かすことでハンドオーバ時の通信の瞬断がなくなるためハードハンドオーバに比べて通信品質が良くなるといわれています．

二つ目の対比するハンドオーバ方法は，元の基地局からハンドオーバの要求を行う装置間インタフェース，および未達パケットを転送するインタフェースの違いによるものです．ここでは，4G LTE を例にとり X2 と S1 インタフェースハンドオーバについて説明します．**図5・8**に簡略化した 4G LTE のネットワーク構成を示します．基地局（BS）間，および基地局と制御装置（MME と S/P GW）間のインタフェースはそれぞれ X2，S1 インタフェースと規定されています．

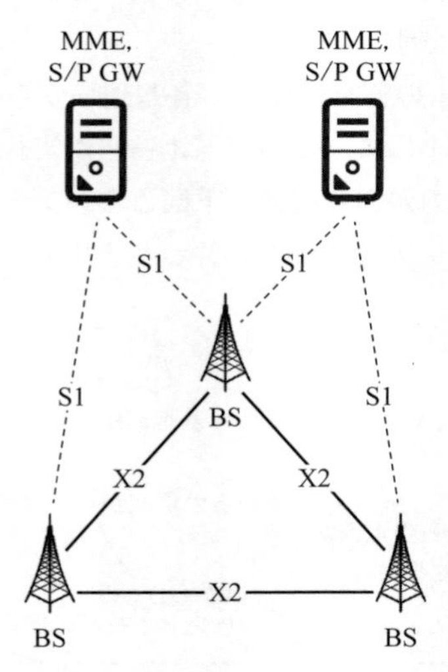

図5・8　4G LTE のネットワーク構成

X2 ハンドオーバの制御シーケンスを**図5・9**に示します．元の基地局と移行先の基地局間すなわち X2 インタフェース上で，ハンドオーバ（H.O.）の要求処理，ユーザ端末情報および未達パケットの転送が行われます．

一方，S1 ハンドオーバは，ハンドオーバの要求処理と未達パケットの転送は

S1 インタフェース上で行われ，X2 インタフェース上では信号のやり取りはありません．**図 5・10** に S1 ハンドオーバの接続シーケンスを示します．5G では，インタフェースの名称は変更になっていますが，ハンドオーバ方法は 4G とほぼ同じです．

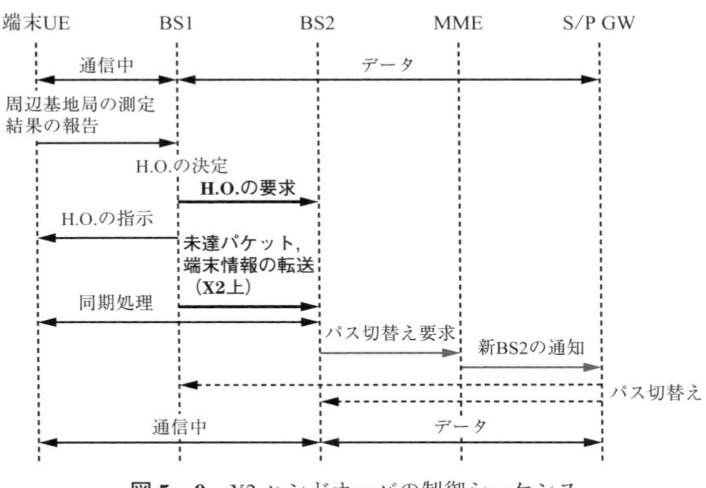

図 5・9　X2 ハンドオーバの制御シーケンス

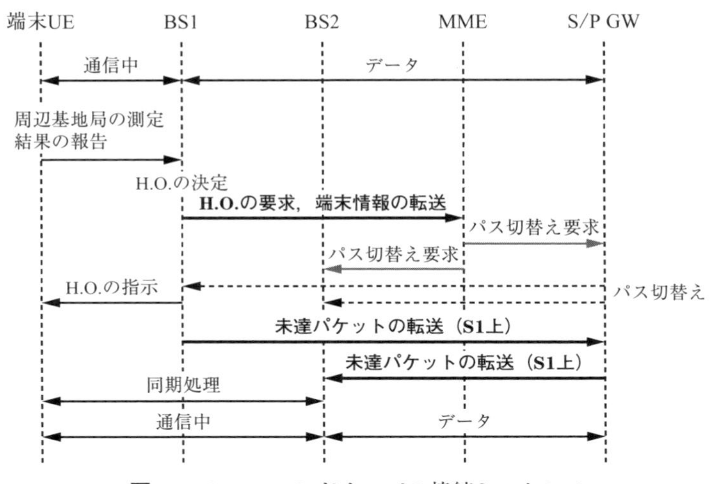

図 5・10　S1 ハンドオーバの接続シーケンス

三つ目の対比するハンドオーバ方法は，セル間とセクタ間ハンドオーバです．ユーザ数が多い都会では，システム容量を増大するために一つのセルを複数のセクタに分割しそれぞれのセクタに無線リソース（Radio Resource）が独立な基地局を設けます．地理的には同じ場所にセクタそれぞれの基地局があるけれどもセクタは異なるセルとみなすため，同じセルの中の移動であってもセクタ間ハンドオーバが実行されます．通常のセル間ハンドオーバを inter–RAT ハンドオーバ，セクタ間ハンドオーバを intra–RAT ハンドオーバと呼ぶこともあります．

さらに異なる移動通信システム間のハンドオーバもあります．例えば4Gと5Gシステム間のハンドオーバです．特に，5Gエリアが十分に整備されていない時期はユーザ端末の移動に伴って5Gから4Gへのハンドオーバの確率が高くなります．**図5・11**はセル間，セクタ間，およびシステム間ハンドオーバの様子をまとめて表しています．

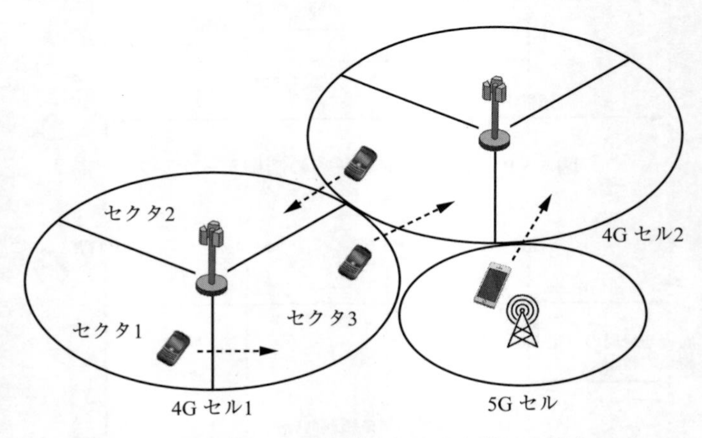

図5・11　セル間，セクタ間，システム間ハンドオーバ

演習問題

1. ハンドオーバに必要な条件を述べよ．

2. 次の文章の空欄①～⑥を適切な字句で埋めよ．

移動通信システムは，サービスエリアを多数の［　①　］と呼ばれる小さなエリアに分割し，それぞれに基地局を設置してユーザ端末と通信を行う．この［　①　］方式を用いる理由は，［　②　］の有効利用と基地局およびユーザ端末の［　③　］の緩和である．［　④　］はユーザ端末の居場所をおおまかに把握する技術であり，通常は複数の［　①　］をまとめて一つの［　④　］エリアとしている．ユーザ端末に着信があった場合，その行き先を振り分ける役割の交換機が，［　④　］をしたエリア内の全基地局に指示を出し，各々の基地局内にいるすべてのユーザ端末に［　⑤　］をかける．この［　⑤　］には［　⑥　］という制御チャネルが用いられる．

3. 未達パケットの取扱いの視点から，X2 ハンドオーバと S1 ハンドオーバの相違について説明せよ．

4. ユーザ端末が接続される最適なセル（基地局）を探索することをセルサーチと呼ぶ．ユーザ端末がどのような状態のときにセルサーチが行われるか説明せよ．

5. ネットワーク機能である位置登録とアプリケーションサービスである位置情報サービスの違いについて説明せよ．

第6章

基地局が多数のユーザ端末と通信できるのはなぜか

一つの基地局は多数のユーザ端末と通信を行います．そのためには，基地局は多数のユーザ端末宛の異なるデータを多重して電波を送信する必要があります．ユーザ端末はその多重されたデータの中から自分宛のデータを取り出す必要があります．この章では，周波数，時間，および電力の観点から，1対Nの通信をどのように実現しているかについて説明します．

6-1　多重化と多重分離

物理的に一つの有線または無線の伝送路媒体を用いて情報信号を送信する際に，送信側で複数の異なるデータをまとめて送信することを信号の多重化（Multiplexing）と呼びます．また，受信側にてその多重化された信号から所望の信号を取り出すことを多重分離（De-multiplexing）と呼びます．**表6・1**に主な多重化方式の一覧を示します．FDM，TDM，CDM，OFDMはそれぞれ第1，第2，第3，第4世代移動通信システム（1G，2G，3G，4G）に用いられた多重化方式です．WDMは主に幹線系光ネットワークで用いられています．

図6・1はFDMの仕組みを表す概念図です．FDMは，データを載せるチャネルA，B，Cに異なる周波数を割り当て，それらの複数のチャネルを多重化して一つの伝送路を共有して送信します．受信側では，多重分離でそれぞれのチャネルを取り出し，それぞれの宛先に接続します．**図6・2**に示すTDMは，チャネルA，B，Cを多重化する段階で送るタイミングを短い時間単位でずらしたのち，複数のチャネルを一つの伝送路を共有して送信します．CDMは，各チャネルに異なる拡散符号を割り当てたのち多重化する方法です．WDMは，各チャネルを異なる光波長のレーザダイオード（Laser Diode；LD）により変調し，それらの光信

表 6・1　多重化方式

多重化方式	物理的な違い
周波数分割多重 （FDM；Frequency Division Multiplexing）	周波数
時分割多重 （TDM；Time Division Multiplexing）	（細かく分割した）時間
符号分割多重 （CDM；Code Division Multiplexing）	拡散符号
直交周波数分割多重 （OFDM；Orthogonal Frequency Division Multiplexing）	周波数（直交サブキャリア）
波長分割多重 （WDM；Wavelength Division Multiplexing）	光波長

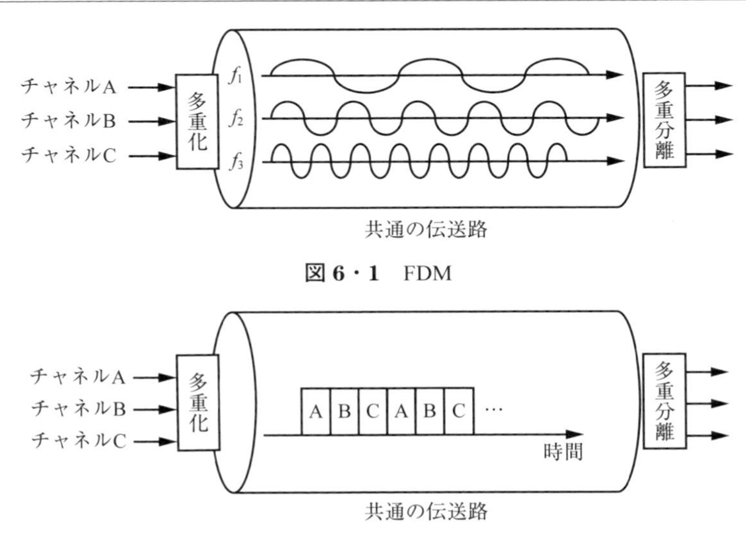

図 6・1　FDM

図 6・2　TDM

号を多重化し 1 本の光ファイバで送信する方式です．

6-2　OFDM

OFDM は，FDM と同じように各チャネルに異なる周波数を割り当てたのち多重化しますが，相互の周波数が直交するサブキャリアを用いて多重化している点が FDM と異なります．ここでは FDM，OFDM に関連する事項として，まずシングルキャリア伝送に対するマルチキャリア伝送の特徴と効果について説明します．次に，OFDM信号の生成方法について詳しく説明します．

6-2-1　マルチキャリア伝送

OFDMはシングルキャリアのマルチキャリア化と同じ考え方に基づいています．シングルキャリア伝送は単一のキャリア（搬送波）によってデータを伝送する方式です．それに対して，マルチキャリア伝送はシングルキャリア伝送で使用する帯域幅を狭帯域の信号に分割して伝送する方式でFDMとほぼ同義です．マルチキャリア伝送の利点は，周波数領域で見るとキャリア当たりの伝送帯域幅が狭くなるのでフェージングに起因する波形歪みに対して耐性が強くなることです（4章を参照）．例えばNマルチキャリア伝送にすると，帯域内偏差の絶対値は$1/N$に低減されます．時間領域で見ると，マルチキャリア化によりシンボルレート（Symbol Rate）は小さくなりシンボル時間長は長くなります．したがって，シングルキャリアに比べて，無線区間の直接波に対する反射波の遅延時間差に対する耐性が強くなりシンボル間干渉が軽減されます．これらの比較をまとめて**表6・2**に示します．

表6・2　シングルキャリア伝送とマルチキャリア伝送の比較

領域別	シングルキャリア	マルチキャリア
周波数領域	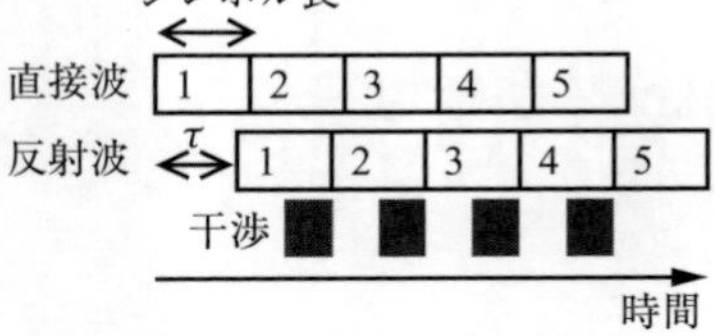 帯域内偏差 A 周波数	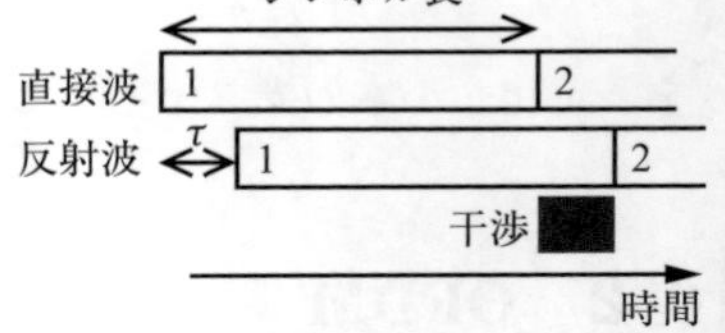 帯域内偏差 $A/4$ 周波数
時間領域	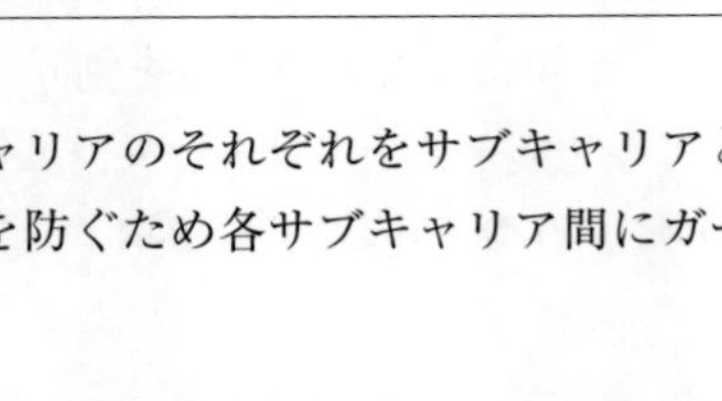 シンボル長 直接波 1 2 3 4 5 反射波 τ 1 2 3 4 5 干渉 時間	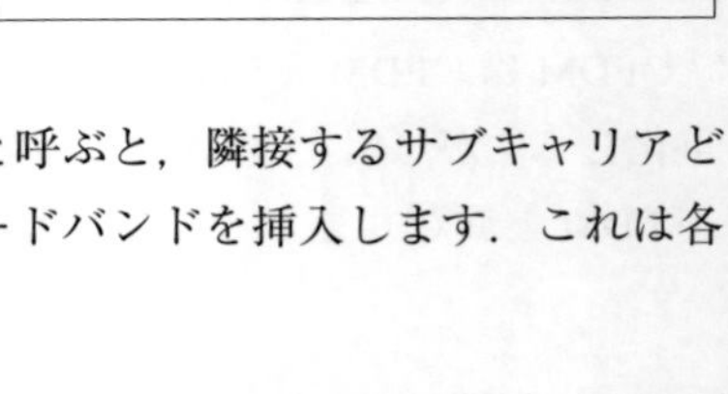 シンボル長 直接波 1 2 反射波 τ 1 2 干渉 時間

マルチキャリアのそれぞれをサブキャリアと呼ぶと，隣接するサブキャリアどうしの干渉を防ぐため各サブキャリア間にガードバンドを挿入します．これは各

サブキャリア間を分離するフィルタの分離度に限界があるためサブキャリア間干渉を完全に除去できないからです．

これに対して，OFDMは隣接するサブキャリア間隔を理論的な極限まで狭めることができる多重化技術で，すべてのサブキャリアを互いに直交性を有する間隔で配置することにより，すべてのサブキャリア間の干渉をなくすことができます．すなわちガードバンドは不要になり，マルチキャリア伝送のFDMに比べて周波数の利用効率は向上します．OFDMはFDMと同じようにシンボルレートは小さくなりますが，多くのサブキャリアを使用することにより高速伝送が可能です．また，シンボル長が長いため，マルチパスフェージングに対する耐性が強くなります．マルチキャリア伝送であるFDMとOFDMの比較を**図6・3**に示します．

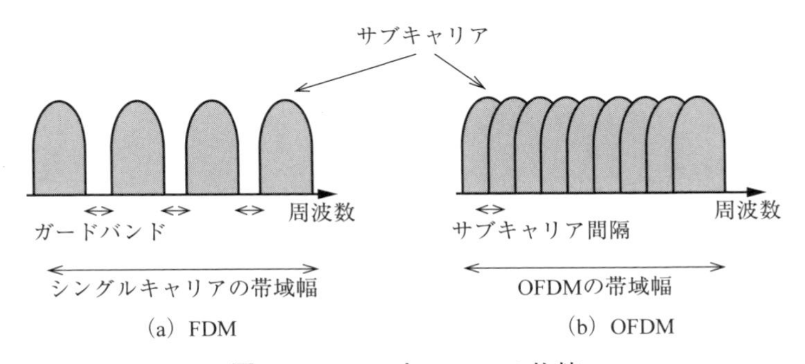

図6・3 FDMとOFDMの比較

6-2-2 OFDMの基礎

OFDMのOrthogonalの意味は「直交」であり，この直交はサブキャリアどうしが互いに直交し干渉しないことを意味します．例えば，二つの信号を表す関数を$f(x)$，$g(x)$とし，次式が成立すると$f(x)$と$g(x)$は直交するといいます．

$$\int_a^b f(x) \cdot g(x)\,dx = 0 \qquad (6\cdot1)$$

OFDMでは，$f(x)$，$g(x)$が異なる二つのサブキャリアに相当し，すべてのサブキャリア間で上式が成立します．

n番目のサブキャリアを変調するデータシンボルをa_n，b_nとすると，OFDM信号を構成するサブキャリア信号は次式で与えられます．

$$a_n \cos(2\pi n f_s t) - b_n \sin(2\pi n f_s t) \qquad (6\cdot2)$$

ここで，f_s はサブキャリア間隔，nf_s は各サブキャリアの中心周波数です．上式は，1シンボル分のみを表しており，シンボル長 $T=1/f_s$ の間に n 周期の正弦波が含まれます．

サブキャリア数が N のとき，すなわち上式が同じタイミングで N 個合成されたベースバンド帯の OFDM 信号 $s_B(t)$ は次式で表されます．

$$s_B(t)=\sum_{n=0}^{N-1}(a_n\cos(2\pi nf_st)-b_n\sin(2\pi nf_st)) \tag{6・3}$$

このように，OFDM 信号は，シンボル区間で N 個のデータシンボルを並列伝送する形になっています．OFDM 信号の占有帯域幅はおよそ Nf_s になります．**図6・4** に $N=4$，$f_s=10$ Hz のベースバンド帯 OFDM 信号のスペクトラムを示します．このときの占有帯域幅は約 40 Hz になります．

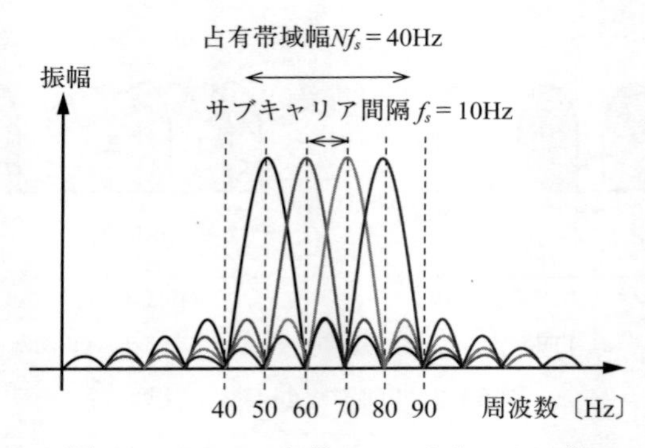

図6・4　OFDM 信号のスペクトラムの例

ベースバンド帯の OFDM 信号は搬送波周波数 f_r により無線周波数帯に周波数変換され電波として放射されます．高周波数帯に変換された高周波数帯 OFDM 信号 $s_r(t)$ は次式で表されます．

$$s_r(t)=\sum_{n=0}^{N-1}[a_n\cos\{2\pi(f_r+nf_s)t\}-b_n\sin\{2\pi(f_r+nf_s)t\}] \tag{6・4}$$

$s_r(t)$ の無線周波数範囲は f_r～$f_r+(N-1)f_s$ となり，占有帯域幅はベースバンド帯の OFDM 信号 $s_B(t)$ と同じです．

OFDM により各サブキャリアのシンボルレートは低速になりシンボル長は長くなるので，反射波（遅延波）によって生じるシンボル間干渉への耐性は強くなります．さらに，干渉耐性を強めるために OFDM シンボルの先頭にサイクリックプレフィックス（Cyclic Prefix；CP）を付加します．このCPはOFDMシンボルの後半部分をコピーして先頭部分に付加します．このCPをガードインターバルとして機能させることで，シンボル間干渉の影響を軽減することができます．この様子を**図6・5**に示します．

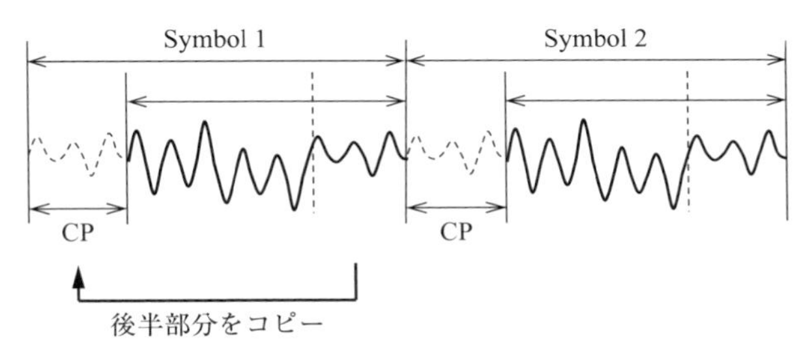

図6・5　CPの挿入

CPを付加しないOFDMシンボルを連続送信したとき，情報シンボル2の直接波に対して情報シンボル1の反射波が遅延時間差をもって受信機に到来し，さらにシンボル2を取り出す時間のタイミングと幅が**図6・6**の破線の幅のようになっていたとすると，シンボル2はシンボル1から干渉を受けます．これをシンボル間干渉と呼び，シンボル2はシンボル1から干渉を受けているのでシンボル2の情報を正しく取り出すことができないことがわかります．他の情報シンボルに対しても同様です．

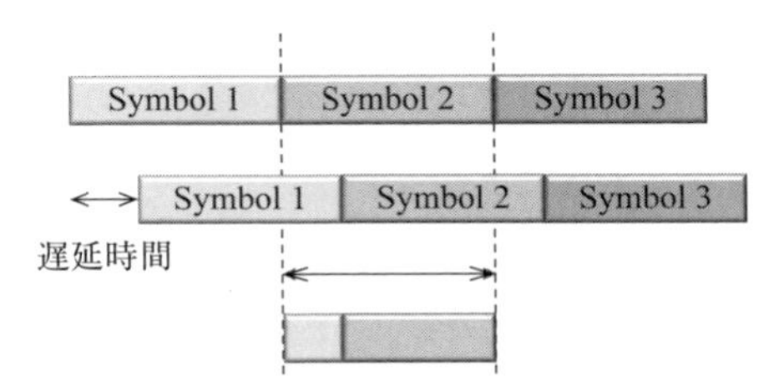

図6・6　シンボル間干渉

図6・7はそれぞれのOFDMシンボルの先頭にCPを付加した場合の情報シンボルの構成を示しており，CPを付加した分だけ実質のシンボル長は長くなります．先の例と同じように，直接波に対して反射波が遅延時間差をもって受信機に

到来したとしても，受信機においてシンボル2を取り出す際に，シンボル2はシンボル1から干渉を受けないことがわかります．これがCPの効果です．

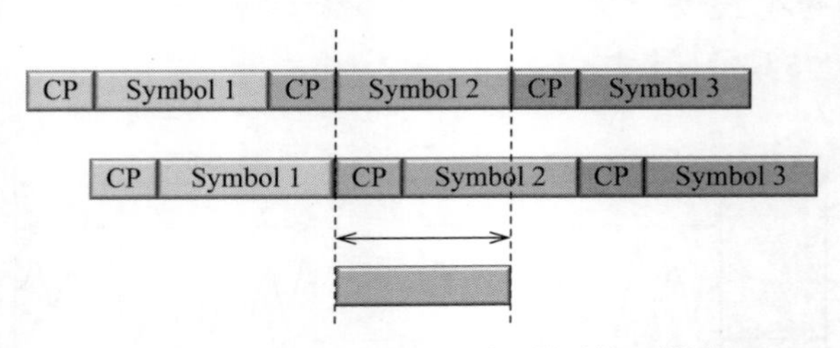

図6・7　CPによるシンボル間干渉の軽減

シンボル長をTとして$s_B(t)$の時間波形を**図6・8**に示します．左図が各サブキャリアの正弦波形を表し，n番目のサブキャリアはシンボル長Tの間にn周期の正弦波が含まれることがわかります．右図は各サブキャリアを合成したOFDM信号$s_B(t)$の時間波形です．図は$N=16$とした場合の例ですが，$s_B(t)$の時間に対する振幅特性は不規則に変動することがわかります．さらにNを大きくすると，時間波形は一層不規則性を増し，場合によってはある時刻でOFDM信号の振幅値が

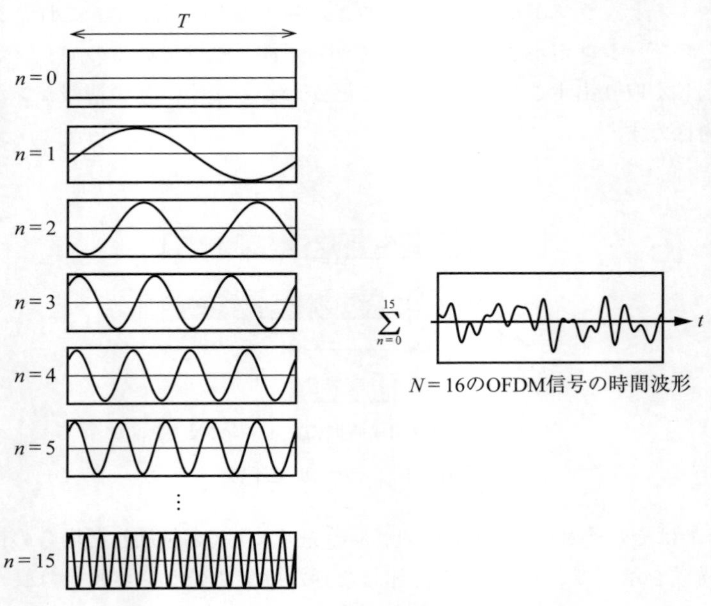

図6・8　OFDM信号の時間に対する振幅特性

非常に大きくなることがあります．

このように，OFDM 信号の時間に対する振幅変動は大きく，ピーク値と平均値との比である PAPR（Peak to Average Power Ratio）が大きくなるという問題があります．**図 6・9** に示すように，OFDM 信号を電力増幅器に入力するとき，PAPR が大きいとその電力増幅器の非線形性によりクリッピング歪みが生じて OFDM 信号の伝送特性が劣化します．

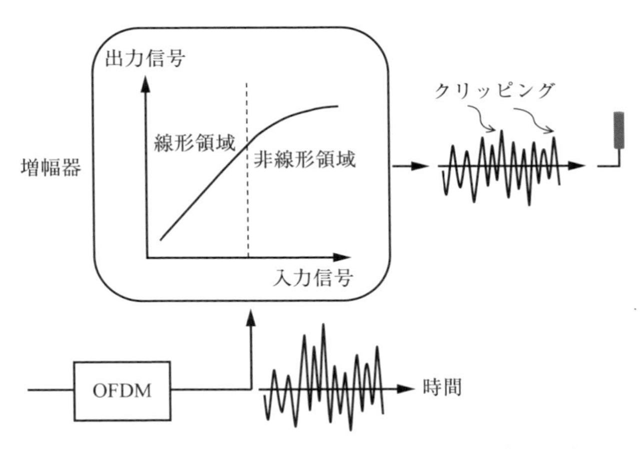

図 6・9　増幅器の非線形特性によるクリッピング歪み

6-2-3　OFDM 変復調器の構成

OFDM は英語名から多重化技術の一つとして説明しましたが，変調方式として説明される場合が多いです．理由は，各サブキャリアは変調される副搬送波をもっているためです．QAM などのシンボル変調を 1 次変調，OFDM を 2 次変調，あるいは単に OFDM 変調とも呼びます．同様に，受信側の OFDM 信号の分離を OFDM 復調と呼ぶ場合があります．

サブキャリア数は N，f_s はサブキャリア間隔，n 番目のサブキャリアを変調するデータシンボルは $s_n = a_n + jb_n$，シンボル長 T（$t=0$ から $t=T$ までの T 秒をシンボル区間とする）の間に n 周期の正弦波が含まれるとすると，OFDM 信号の複素表示は次式となります．

$$x(t) = \sum_{n=0}^{N-1} x_n(t) = \sum_{n=0}^{N-1} s_n e^{j2\pi n f_s t} = \sum_{n=0}^{N-1} (a_n + jb_n) e^{j2\pi n f_s t} \tag{6・5}$$

図 6・10 は OFDM 変調器に入力されるシリアルデータ $d_0, d_1, d_2, , \cdots$．から 1 次

変調を経てOFDM信号である$x(t)$が生成されるブロック図です．ここで，n番目のサブキャリア周波数は$f_n = n \cdot f_s$としています．なお，上式と式(6･3)との関係は$s_B(t) = \mathrm{Re}(x(t))$となります．

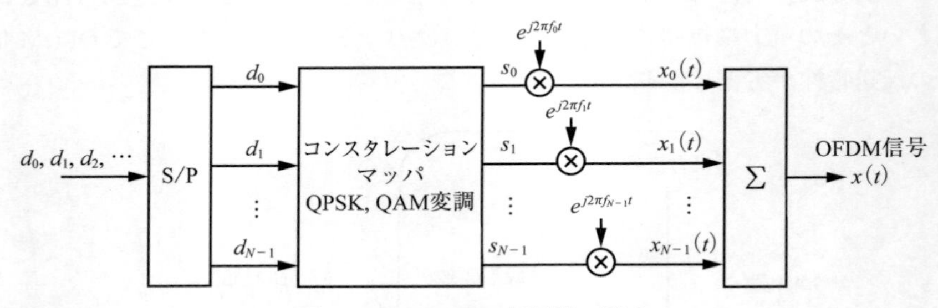

図6・10　OFDM変調器の構成

コンスタレーションマッパではQAMなどのシンボル変調によって生成されるデータシンボルs_nが各サブキャリアである副搬送波を変調していることになります．この部分は，QPSK，QAMなどの任意の変調方式にすることができます．

次に，OFDM復調器の構成を**図6・11**に示します．ここでは，受信信号$r(t)$はフェージングの影響を受けずに，OFDM信号$x(t)$がそのままの状態で受信機に入力されたと仮定しています．受信信号$r(t)$をN分配し，それぞれを各サブキャリアに対応する副搬送波を用いて検波し，その後に1シンボル区間で積分するとデータシンボルs_nが得られます．次に，QPSKなどの復調を行うことで送信側の入力シリアルデータd_0，d_1，d_2，…を取り出すことができます．

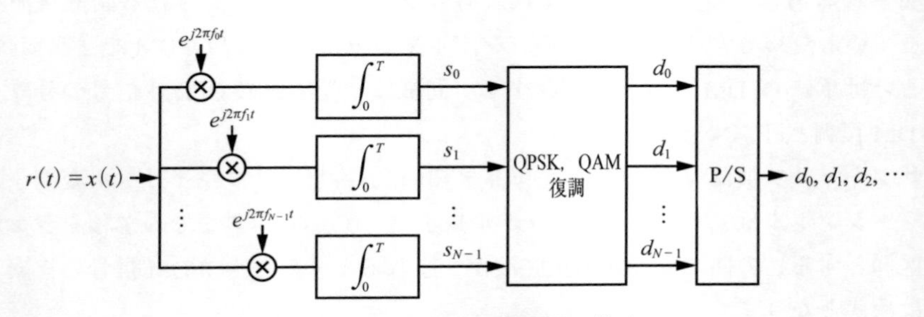

図6・11　OFDM復調器の構成

以下に，実数表示であるベースバンド帯OFDM信号$s_B(t)$を用いて各サブキャリアのデータシンボルa_n，b_nが正しく取り出せることを示します．$s_B(t)$はそのままの状態で受信機に入力されたと仮定し，k 番目のサブキャリアのデータシンボル a_k を取り出す場合はこの受信信号に $\cos 2\pi k f_s t$ を乗算し 0 から T まで積分します．次式の結果から，データシンボル a_k を正しく取り出すことができることがわかります．

$$\int_0^T s_B(t)\cos 2\pi k f_s t\,dt$$
$$=\sum_{n=0}^{N-1}\left\{a_n\int_0^T \cos 2\pi k f_s t\cdot\cos 2\pi k f_s t\,dt-b_n\int_0^T \sin 2\pi k f_s t\cdot\sin 2\pi k f_s t\,dt\right\}$$
$$=\left(\frac{T}{2}\right)a_k \tag{6・6}$$

同様に受信信号に $-\sin 2\pi k f_s t$ を乗算し 0 から T まで積分すると次式の結果が得られ，k 番目のサブキャリアのデータシンボル b_k を取り出すことができます．

$$\int_0^T s_B(t)\{-\sin 2\pi k f_s t\}dt=\left(\frac{T}{2}\right)b_k \tag{6・7}$$

式(6・6)と式(6・7)の演算を $k=0$，…．，$N-1$ のすべてのサブキャリアに対して行うことによって，受信側ですべてのデータシンボル a_n，b_n を正しく取り出すことができます．

6-2-4　IFFT/FFT を用いた OFDM 変復調器

シンボル変調によって生成されるデータシンボル s_n が各サブキャリアである副搬送波を変調することによって，OFDM 信号が生成できることを示しました．また，受信側において各サブキャリアの副搬送波で検波し 1 シンボル区間で積分すると，データシンボル s_n が得られることを示しました．しかし，ハードウェアの規模，サブキャリア間の同期，および精度の点からみて図 6・10，図 6・11 のブロック構成で OFDM 変復調器を作ることは現実的ではありません．

実際は，高速フーリエ変換（Fast Fourier Transform；FFT）あるいは逆高速フーリエ変換（Inverse FFT；IFFT）によって OFDM 変復調器は効率的に作ることができます．また，FFT，IFFT の信号処理は容易に LSI（Large-Scale Integration）化することができるため装置規模の削減を達成できます．

ここで，FFT/IFFT について補足します．数学で学習するフーリエ変換は連続的な関数を対象にしています．しかし，実際は離散データを取り扱うことがほとんどで，離散データを計算機でフーリエ変換することを離散フーリエ変換

（Discrete Fourier Transform；DFT）と呼びます．その逆は逆離散フーリエ変換（Inverse Discrete Fourier Transform；IDFT）です．さらに，DFT，IDFTの演算時間を短縮するために高速フーリエ変換（FFT）および逆高速フーリエ変換 IFFT（IFFT）を用います．

$x(t)$をT_sの時間間隔で標本化した信号を考えます．ただし，標本化は1シンボル長にわたって行い，Nは標本化定理を満足する値とします．すなわち，OFDM信号は時間的なサンプリングレートf_{sample}がサブキャリア間隔f_sの倍数を満たすものとすると，次式が成立します．

$$f_{\text{sample}} = N \cdot f_s = \frac{1}{T_s} \tag{6・8}$$

また，この考え方を式(6・5)に適用すると，$0 \leq k \leq N-1$の範囲で次式が得られます．

$$x(k \cdot T_s) = x\left(\frac{k}{Nf_s}\right) = \sum_{n=0}^{N-1} s_n e^{j2\pi n f_s \frac{k}{Nf_s}} = \sum_{n=0}^{N-1} s_n e^{j\frac{2\pi nk}{N}} \tag{6・9}$$

よって，$x(t)$のN個の標本値は，N個の変調データシンボルs_nを逆離散フーリエ変換したものとなります．IDFTのサイズ（サンプル数）であるNを2の累乗とすることで，OFDM変調は基数2の逆高速フーリエ変換 IFFTを用いて実現できます．

実際に用いるサブキャリア数をMとすると，$M<N$の条件でIFFTが実行されます．なお，NとMの比，N/Mを離散OFDM信号のオーバサンプリングと呼びます．

$$x\left(\frac{k}{Nf_s}\right) = \sum_{n=0}^{M-1} s_n e^{j2\pi n f_s \frac{k}{Nf_s}} = \sum_{n=0}^{M-1} s_n e^{j\frac{2\pi nk}{N}} = \sum_{n=0}^{N-1} s_n{}' e^{j\frac{2\pi nk}{N}} \tag{6・10}$$

ここで

$$s_n{}' = \begin{cases} s_n & (0 \leq n < M) \\ 0 & (M \leq n \leq N) \end{cases} \tag{6・11}$$

となります．

例えば，帯域幅10 MHz，サブキャリア間隔$f_s = 15$ kHzとすると，Mは約660となり，IFFTサイズは$N = 2^{10} = 1024$にする必要があります．この場合，サンプリングレートは，$f_{\text{sample}} = N \cdot f_s$から，15.36 MHzとなります．

このように逆高速フーリエ変換 IFFTを用いたOFDM変調器は**図6・12**のようになります．図6・10と対比すると，シンボル変調によって生成されるデータシ

ンボル s_n が各サブキャリアである副搬送波を変調しそれらを総和する部分が IFFT に置き換わっていることがわかります.

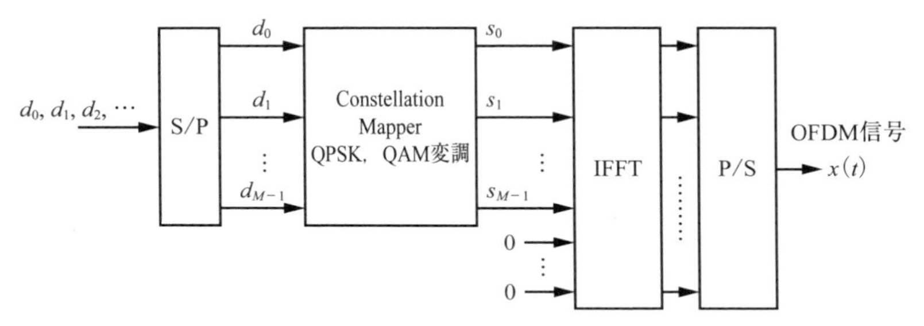

図 6・12 IFFT による OFDM 変調器

同様に OFDM 復調器は FFT を用いて，データシンボル s_n が得られることがわかります．これを**図 6・13** に示します.

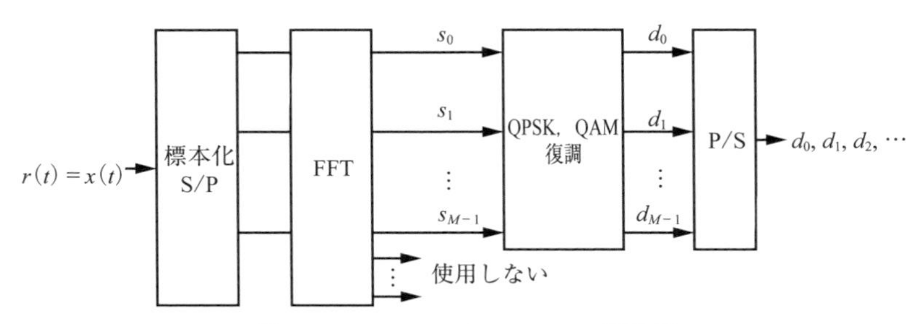

図 6・13 FFT による OFDM 復調器

6-3 多元接続

多重化技術を基本として，一つの通信路（無線回線）を複数のユーザ端末で共有し，多重化された無線チャネルの中からそれぞれのユーザが自分宛の無線チャネルに接続できることを多元接続（Multiple Access；MA）と呼びます．移動通信システムは多元接続を用いている代表的な例であり，その一覧を**表 6・3** に示します．FDMA，TDMA，CDMA，OFDMA はそれぞれ移動通信システム 1G，2G，3G，4G に用いられた多元接続です．OFDMA は第 5 世代（5G）にも用いられています.

表6・3　多元接続方式

多元接続方式	複数ユーザへの無線資源の割当て
周波数分割多元接続 （FDMA；Frequency Division Multiple Access）	異なる周波数帯域を各ユーザに割り当てる
時分割多元接続 （TDMA；Time Division Multiple Access）	異なる時間（タイムスロット）を各ユーザに割り当てる
符号分割多元接続 （CDMA；Code Division Multiple Access）	異なる拡散符号を各ユーザに割り当てる
直交周波数分割多元接続 （OFDMA；Orthogonal Frequency Division Multiple Access）	直交した異なるサブキャリアを各ユーザに割り当てる

図6・14は4種類の多元接続に対して，基地局が複数のユーザ端末に対して異なる無線資源（無線リソース）を割り当てる様子を表しています．

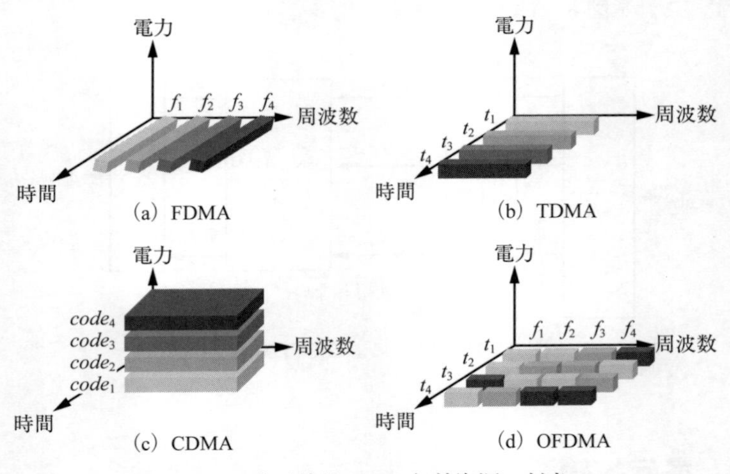

図6・14　多元接続による無線資源の割当て

6-3-1　FDMA, TDMA, CDMA

FDMAは，周波数帯域を細かく分割し，複数のユーザに対してそれぞれ異なる分割した帯域（無線チャネル）を割り当てる多元接続です．すなわち，複数のユーザに対して細分化した周波数の異なる無線チャネルを割り当てます．なお，周波数の高速切替えは，周波数シンセサイザによって実現します．

TDMAは，ある一つの周波数を時間的に分割し（タイムスロット），複数のユーザに対してそれぞれ異なるタイムスロットを割り当てる多元接続です．例えば，日本で実用化された2GのPDC（Personal Digital Cellular）方式では，タイムスロット長は約7 msです．世界標準の2GであるGSM（Global System for Mobile Communications）方式でのタイムスロット長は約0.6 msと，非常に短い時間で構成されています．多くのユーザ端末を収容するためには，一つの周波数では限界があるため，実際は複数の周波数を用いてそれぞれに対してTDMAを適用しています．すなわち，TDMAとFDMAのハイブリッド構成です．

CDMAは，複数のユーザで同一の周波数を共有しますが，各ユーザに対して異なる拡散符号を割り当てる多元接続です．複数ユーザ宛の無線チャネルが電力軸で合成されるため，他ユーザから常に干渉を受けることになります．各ユーザ端末では，逆拡散の符号処理により自分宛の信号を取り出します．**図6・15**はCDMAに用いるスペクトラム拡散技術の原理を表しており，ベースバンド帯域の信号を拡散符号により広い帯域幅の無線信号に拡散して電波を送信します．拡散された無線信号と元のベースバンド信号の帯域幅の比率は処理利得（Process Gain）と呼ばれ，この値が大きいほど受信側で逆拡散により復号したときの受信信号対雑音干渉電力の比（Signal-to-Interference plus Noise Power Ratio；SINR）が良くなります．

CDMAは隣接セルでも同じ周波数を使用することができます．一方，FDMAでは隣接セルとの干渉の点から隣接セル間で異なる周波数を用いるセル設計になっていたので，周波数利用効率で見るとCDMAの方が優れていることになります．しかし，CDMAには送信電力において制約があります．例えば，ユーザ端末から基地局にデータを送信する際の送信電力制御（Transmission Power Control；TPC）が必須になります．基地局から遠い所に位置するユーザ端末と近い所に位置するユーザ端末の無線信号を同時に基地局で受信すると，遠いユーザ端末からの受信信号は近いユーザ端末から強い干渉を受けます．これは遠近問題といわれ，この問題を解決するために基地局の受信機ですべてのユーザ端末からの受信電力が同じになるようにユーザ端末の送信電力を制御します．この様子を**図6・16**に示します．

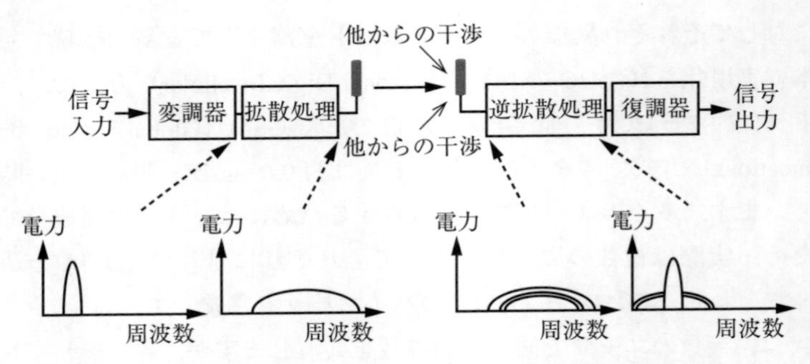

図 6・15　CDMA に用いるスペクトラム拡散技術の原理

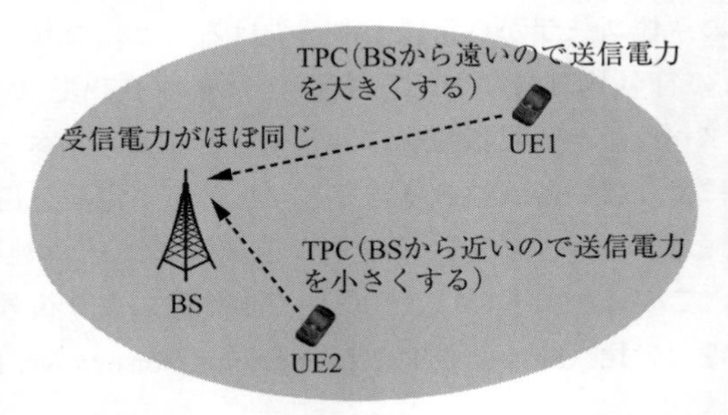

図 6・16　CDMA における送信電力制御

6-3-2　OFDMA

OFDMA は，OFDM を構成するサブキャリアの集合体で分割し，複数のユーザに対してそれぞれ異なる周波数のサブキャリア集合体を割り当てる多元接続です．また，各ユーザ宛のサブキャリア集合体の割当てはある時間単位で変化します．

図 6・17 は OFDM 信号を周波数と時間の 2 軸で表したもので，周波数軸にサブキャリア，時間軸に OFDM シンボルが並んでいます．4G を例にとると，帯域幅が 15 kHz である一つのサブキャリアと一つの OFDM シンボルで構成される単位をリソースエレメント，また複数のリソースエレメントからなる集合体をリソースブロック（Resource Block；RB）と定義されています．図は 12 サブキャリアと 1 スロット時間長から 1 RB が定義された例です．1 スロットの中には標準的に 7 個の OFDM シンボルが含まれます．運用としては，連続した 2 スロットと 12 サブキャリアを 1 RB としているので，1 RB には 168 個の OFDM シンボルが含まれます．

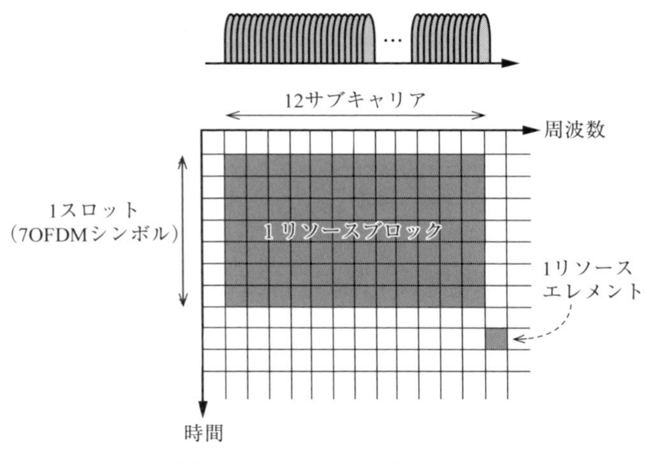

図 6・17　リソースブロック

5G の無線フレーム構成を**図 6・18** に示します．一つの無線フレーム長は 10 ms で，その中に 1 ms のサブフレームが 10 個含まれます．データの基本単位である OFDM シンボルを 14 個含む集合体をスロットと呼び，サブキャリア間隔が 15 kHz のとき，1 サブフレームには 1 スロット（14 個の OFDM シンボル）が含まれます．この場合は，4G と同じように 1 RB には OFDM シンボルが 168 個含まれます．5G では OFDM 信号のサブキャリア間隔は変更することができるようになっています．一般的には，無線周波数帯が高くなり使用できる帯域幅が広くなるとサブキャリア間隔を拡げます．**図 6・19** は 1 サブフレーム長が 1 ms の条件で，サブキャリア間隔が 15，30，および 120 kHz としたときの 1 サブフレーム当たりの OFDM シンボル数を表しています．サブキャリア間隔が 30 kHz のとき，1 ms のサブフレームに 2 スロット含まれるので，1 サブフレームには 28 個の OFDM シンボルが含まれることになります．よって，1 ms のサブフレームに含まれる OFDM シンボル数はサブキャリア間隔が 15 kHz の場合と比べると 2 倍になります．サブキャリア間隔＝120 kHz になると，1 ms のサブフレームに 8 スロット含まれるので，1 サブフレームには 14×8＝112 個の OFDM シンボルが含まれることになります．このように他の条件が同じとすると，サブキャリア間隔を拡げると 1 ms の時間長でより多くの OFDM シンボルを送ることができるので高速伝送が可能になります．

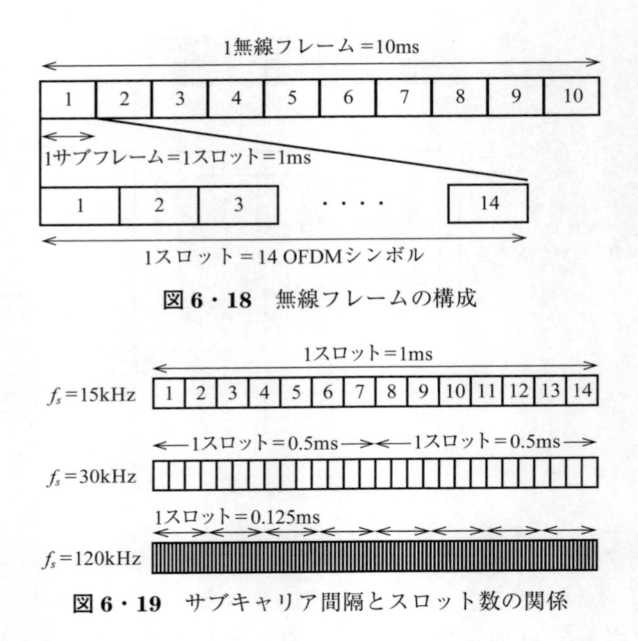

図6・18 無線フレームの構成

図6・19 サブキャリア間隔とスロット数の関係

複数のユーザ端末（UE1～UE4）に対するRBの割当て例を**図6・20**に示します．UE1に対しては，低い周波数のチャネル品質が良いためOFDM信号の中でも低い周波数のサブキャリア集合体をUE1に割り当てます．同時刻において，UE2に対しては中間の周波数のサブキャリア集合体を割り当て，UE3に対しては高い周波数のサブキャリア集合体を割り当てます．また，各UEの無線チャネル品質はフェージングにより時間とともに変化するため，1サブフレームごとに各UEに割り当てるサブキャリア集合体の周波数は変化します．また，新たに接続されるUE4によってこの割当て状況は変化します．このように，基地局は複数のユーザ端末に対して，ユーザ端末数および基地局とユーザ端末間のチャネル品質に応じてそれぞれのユーザ端末に割り当てるRB数の見直しを行っています．

6-3-3 スケジューリング規範

ユーザ端末への無線リソースの割当て方法をスケジューリング（Scheduling）と呼びます．無線リソースは，各ユーザ端末が通信に使うことができる周波数帯域幅や送信電力などの通信資源のことで，この無線リソースの中にOFDMシンボルデータが組み込まれています．移動通信においては，基地局で使用できる無

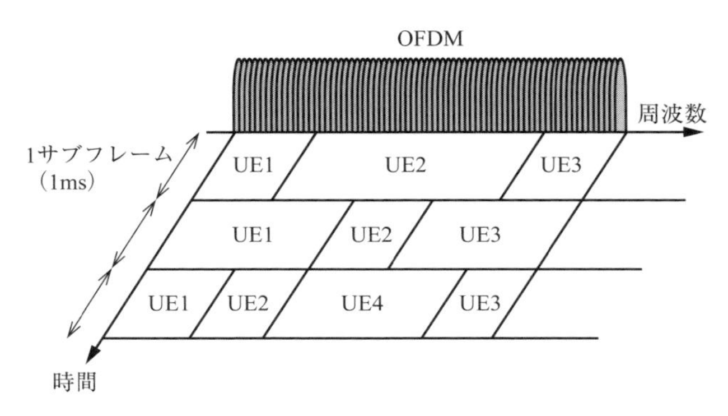

図6・20 複数のUEへのRBの割当て例

線リソースは限られているので，基地局とユーザ端末間の無線チャネル品質に応じて，各々のユーザに対して効率よく無線リソースを割り当てることが重要になります．

ユーザ端末は基地局から送信された参照信号（Reference Signal；RS）の受信品質を測定し，その結果をチャネル品質情報（Channel Quality Indicator；CQI）として基地局に報告します．基地局はスケジューリングの機能を有するスケジューラを有しており，それを用いて基地局内の全ユーザ端末のCQIを見ながら各ユーザ端末に割り当てるRBを決定します．

スケジューリングにおけるRBの割当て規範は3種類あります．1番目はMax C/I規範です．ある時刻に無線チャネル品質が最も良いユーザ端末に対して優先的にRBを割り当てる手法です．この場合，その優先されたユーザ端末のユーザスループットは大きくなります．しかし，無線チャネル品質の悪いユーザ端末にはいつまでたってもRBが割り当てられないという問題があり，契約者に対するサービス品質の点から好ましくありません．2番目は，ラウンドロビン（Round Robin）規範で，無線チャネル品質を考慮せず共有の無線リソースを順番に各ユーザ端末に割り当てます．この規範はすべてのユーザ端末に対して公平ですが，無線チャネル品質の悪いユーザ端末にも無線リソースを割り当てようとするため，システム全体の性能を低下させる恐れがあります．3番目はプロポーショナルフェア（Proportional Fair；PF）規範で，Max C/Iとラウンドロビンの問題点を克服するために，無線チャネル品質を参考にし，かつユーザ間の公平性をある程度満足させる手法です．具体的には，過去を含めたある一定時間内の平均の受信SINRに対する瞬時の受信SINRの比が大きいユーザ端末に対して優先的にRB

を割り当てる手法です．**図6・21**は，三つのスケジューリング規範に対して，3ユーザ端末（UE1，UE2，UE3）の受信電力，すなわちチャネル品質の時間変動に対するRBの割当て（★印）を示した概念図です．Max C/I規範は常に受信電力が一番良いUEにRBの割当てが行われるのに対して，ラウンドロビン規範は受信電力に関係なくUE1からUE3まで順番にRBの割当てが行われます．プロポーショナルフェア規範はその中間です．

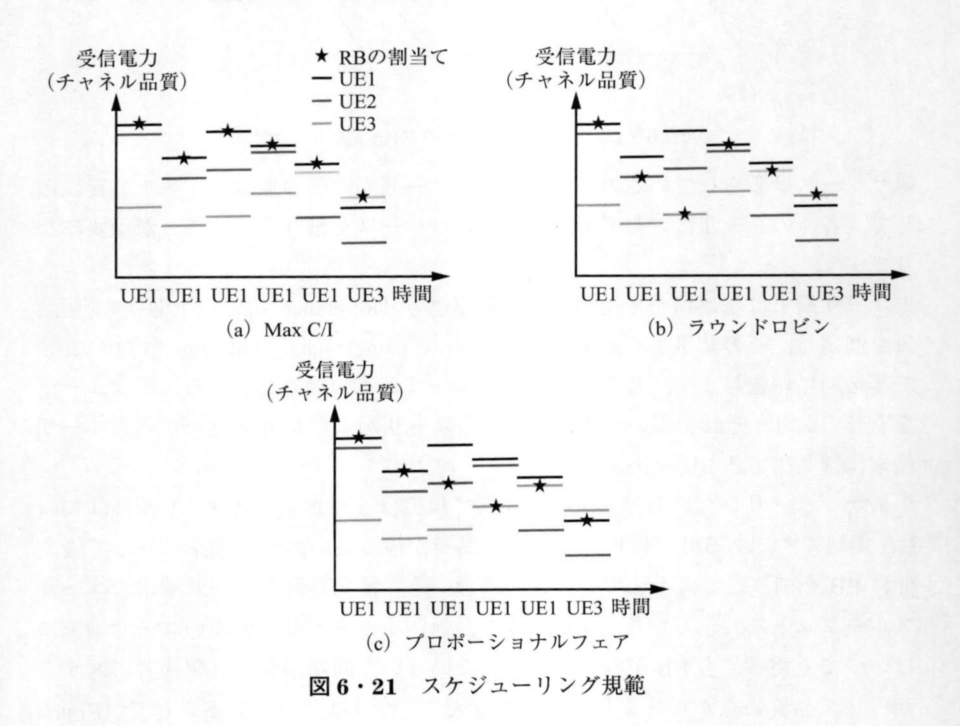

図6・21　スケジューリング規範

コラム3　多元接続 NOMA

6-3 節で 4 種類の多元接続について述べましたが，OFDMA を拡張した非直交多元接続（Non-Orthogonal Multiple Access；NOMA）という多元接続もあります．これは周波数，時間領域に加えて電力領域で複数のユーザ端末宛の信号を多重化し，その多重化された信号の中から自分宛の信号を取り出す多元接続です．その様子を OFDMA と比較して**図 6・22** に示します．このように，周波数軸において複数のユーザ端末が同時刻に同じ周波数のサブキャリア集合体を使用することになります．したがって，OFDMA に比べて周波数利用効率が向上します．しかし，下り回線に NOMA を適用した場合は複数のユーザ端末が同じ周波数のサブキャリア集合体を共有するので，他ユーザ端末宛の信号が干渉となるのでユーザ端末には干渉除去機能が必要になります．この干渉を除去するために，例えば逐次干渉キャンセラ（Successive Interference Cancellation；SIC）の適用が検討されています．このように，下り回線の NOMA では基地局において 2 台のユーザ端末宛の信号を重畳して同一周波数で送信します．**図 6・23** は，基地局から遠いユーザ端末（UE2）には QPSK 変調を，近いユーザ端末（UE1）には 256-QAM 変調を用い，かつその 2 台の UE に NOMA を適用してデータ送信した例を示しています．

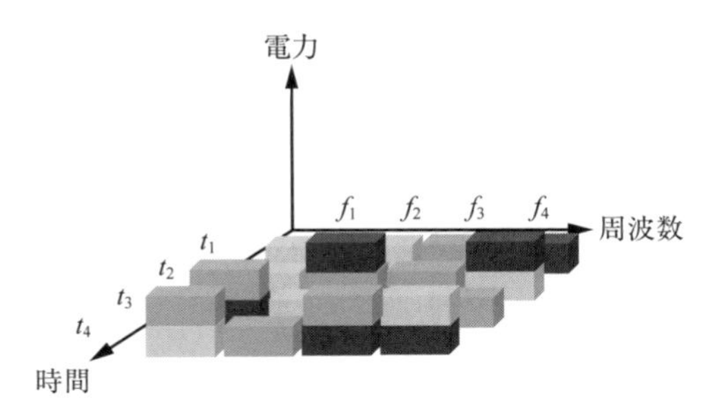

図 6・22　NOMA

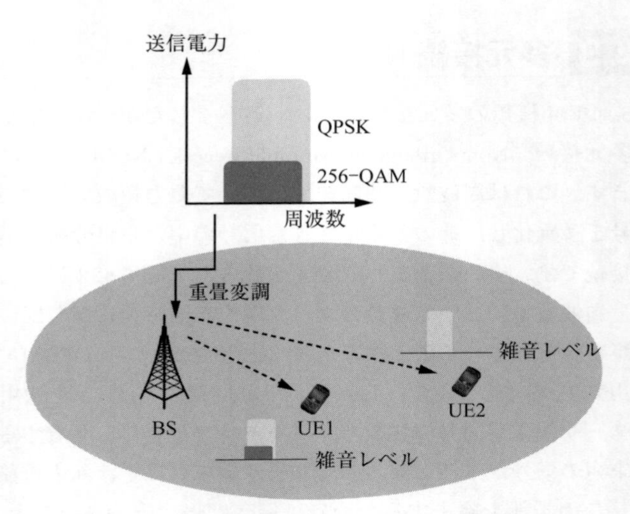

図 6・23　QPSK と 256-QAM の重畳変調

UE1 宛の 256-QAM 変調信号と UE2 宛の QPSK 変調信号と重畳して送信する電波を信号コンスタレーションで示すと**図 6・24** のようになります．この場合，二つの異なる変調信号を重畳する際にそれらの信号電力の比をどのように設定するかが重要になります．この信号コンスタレーションは 256-QAM 信号と QPSK 信号の電力の比が $P_1 : P_2 = 0.2 : 0.8$ の場合です．**図 6・25** は計算機シミュレーションにより求めた UE1 と UE2 の E_b/N_0（Energy per bit to Noise Power Spectral Density Ratio）に対する BER（Bit Error Rate）特性の一例です．なお，シミュレーションでは UE1 の SIC は理想的に動作し UE2 宛の信号が完全に除去されています．図から明らかなようにそれぞれの変調信号を独立に送信した場合（規格化した送信電力が $P_1 = 1$ または $P_2 = 1$）の特性に比べて BER 特性は劣化します．このように，NOMA は周波数利用効率を向上できますが，NOMA のペア端末で一定の送信電力を分配する場合は OFDMA に比べてユーザ端末の受信 SINR が劣化する問題があります．

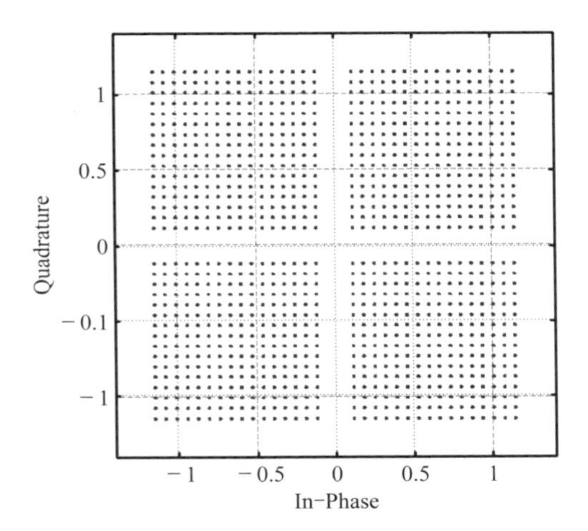

図 6・24 QPSK と 256-QAM の重畳変調の信号コンスタレーション

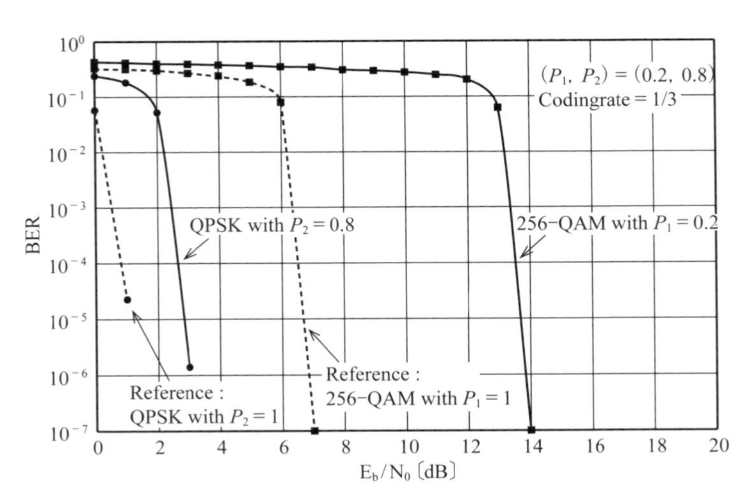

図 6・25 QPSK と 256-QAM の重畳変調の BER 特性

演習問題

1. FDMA と TDMA のそれぞれの特徴を対比して述べよ．
2. シングルキャリア伝送に対するマルチキャリア伝送の利点を述べよ．
3. 複数のユーザ端末に対する OFDMA の無線チャネル割当て方法を説明せよ．
4. サブキャリアの数は N，サブキャリア間隔は f_s である OFDM 信号の占有帯域幅を求めよ．
5. OFDM変調は基数2のIFFTを用いて実現できることを数式を用いて証明せよ．
6. 変調方式は 256-QAM，OFDM のサブキャリア数は 96 とする．一つの OFDM シンボルのシンボルレートが 250 ksps のとき，この OFDM 信号の伝送速度を求めよ．ただし，符号化率は 1 とする．
7. OFDM シンボルに付加する CP の効果について述べよ．
8. OFDM 信号のサブキャリア間隔は 30 kHz，CP 長は 2.38 μs とすると，1 ms のサブフレームに含まれるCPを含んだおおよそのOFDMシンボル数を求めよ．
9. スケジューリングにおけるプロポーショナルフェア規範は，Max C/Iおよびラウンドロビン規範に比べてどのような利点があるか述べよ．

第7章

双方向通信でデータが衝突しない理由は

通信には単方向通信と双方向通信があります．双方向通信は単信方式と複信方式の二つに分類されます．単信方式はトランシーバのように相対する方向で送信が交互に行われる通信方式です．複信方式は電話のように相対する方向で送受信が同時に行うことができる通信方式です．移動通信では，基地局からユーザ端末へデータを送る電波と，ユーザ端末から基地局へデータを送る電波は互いに衝突しない仕組みとなっています．この章では，移動通信における複信方式であるFDDとTDDの特徴とそれらの差異について説明します．

7-1　FDD

4G，5Gなどの移動通信システムにおいては，基地局からユーザ端末にデータを送る「下り」方向とユーザ端末から基地局にデータを送る「上り」方向があり，それぞれを下り回線（Downlink；DL），上り回線（Uplink；UL）と呼びます．すなわち，移動通信システムでは，下り回線と上り回線を用いた複信方式で通信を行っています．この場合，上り回線と下り回線の無線信号は互いに衝突しない（干渉しない）ように分離することが重要です．**図7・1**は周波数分割複信（Frequency Division Duplex；FDD）の構成で，下り回線と上り回線の各スロットに異なる周波数f_1とf_2を割り当てる方法です．FDDでは上下回線で周波数が異なるため相互間の干渉が発生しないので，上り回線と下り回線において同じ時刻でデータを送信することができます．

図7・2は2 GHz帯において上下回線にそれぞれ20 MHzの帯域幅を割り当てた例を表しており，FDDでは上りと下りの周波数帯の間にガードバンドと呼ばれる「周波数間隔」を設ける必要があります．理由は，マルチキャリア伝送におけ

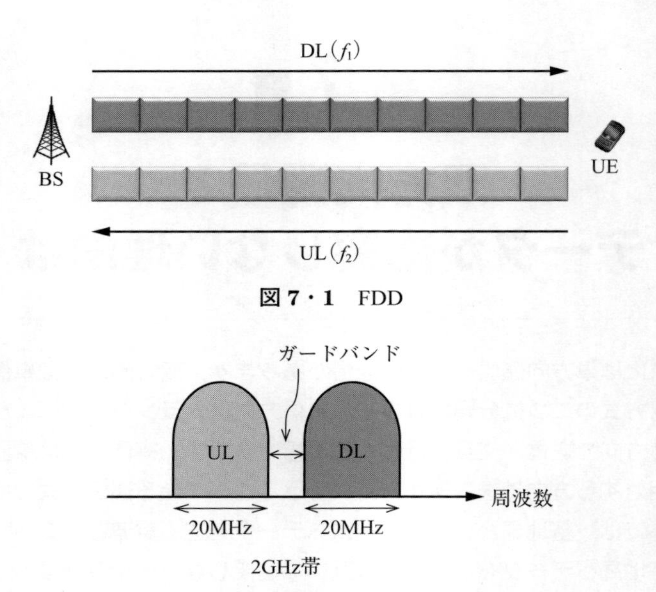

図７・１　FDD

図７・２　FDD におけるガードバンド

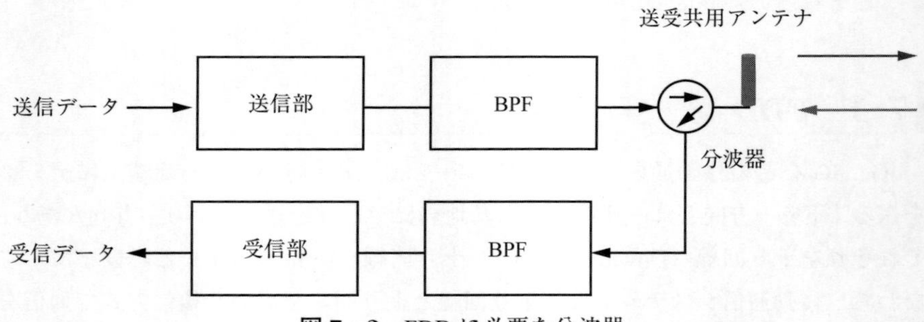

図７・３　FDD に必要な分波器

る FDM と同じで無線周波数帯の BPF の遮断特性に限界があるため，周波数を近づけ過ぎると上下回線間で相互の電波が干渉するからです．すなわち，ガードバンドを設けないと上下回線の完全な分離ができないということです．

一つのアンテナで無線信号の送受信を行う送受共用アンテナを用いた場合，FDD では送信信号と受信信号を分離するために分波器が必要になります．分波器は Duplexer または Circulator とも呼びます．分波器は，送信部からの電波が受信部に回り込まない，および受信波が送信部に回り込まないように設計されています．その様子を**図７・３**に示します．

7-2 TDD

図 7・4 は時分割複信（Time Division Duplex；TDD）を表しており，下り回線と上り回線に同一周波数を用いて非常に短い時間ごと（図はスロット単位）に上下回線の通信を切り替えることができる方法です．TDD は上下回線に使う周波数帯は同じであるため周波数の利用効率は良いという側面はありますが，上り回線と下り回線において同じ時刻でデータを送信することができないという欠点があります．移動通信システムでは基地局およびユーザ端末がデータを送信するタイミングは基地局によって制御されます．

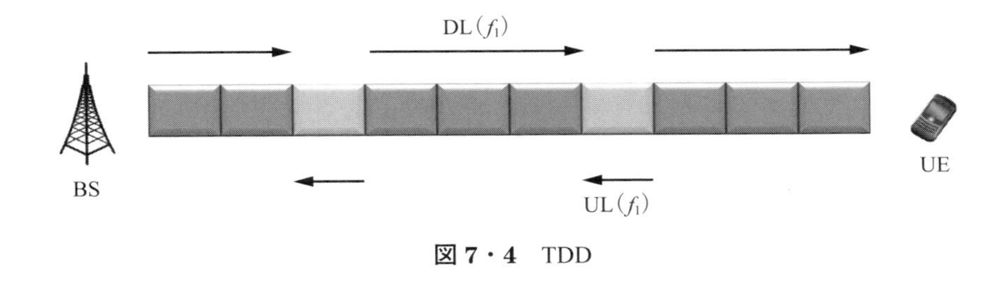

図 7・4 TDD

TDD の利点の一つは，下り回線と上り回線に割り当てるスロット数の比を可変にすることができることです．**図 7・5** に示すように，ユーザ端末がインターネット経由で動画をダウンロードする場合は，下り回線に割り当てるスロット数を増やすことでダウンロード時間を短くするようにします．一方，ユーザ端末がネットに動画をアップロードする場合は，上り回線に割り当てるスロット数を増やすことでアップロード時間を短縮できます．このように目的に応じて，上下回線への柔軟なスロット割当てが可能になります．

TDD は非常に短い時間で上下回線を切り替えるため，上下回線のスロットが重ならないように切り替えるタイミングで時間のバッファを挿入します．このバッファをガードタイムまたはガードバンドと呼びます．**図 7・6** は，基地局送信（DL）からユーザ端末送信（UL）に切り替わるときにガードタイムを設ける例です．実システムでは，このガードタイムの時間長は一つのスロットの中で可変にできるように設定されています．この特別なスロットは 4G ではスペシャルサブフレームと呼ばれています．例えば，都会のようにセル半径の小さいエリアでは，スペシャルサブフレームの中のガードタイムを短くして残りの部分をデー

(a) 下り回線DLの高速化．例えば，動画のダウンロード

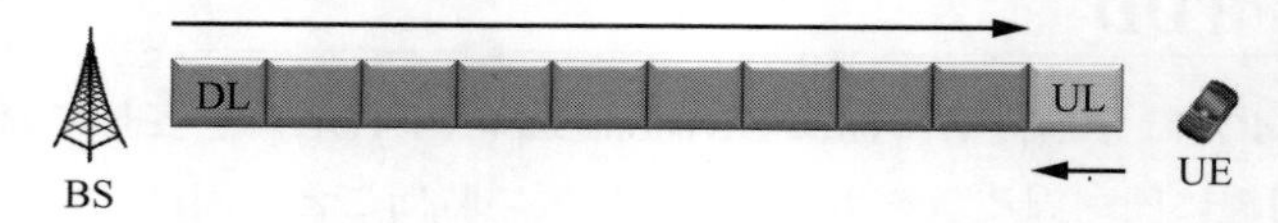

(b) 上り回線ULの高速化．例えば，動画のアップロード

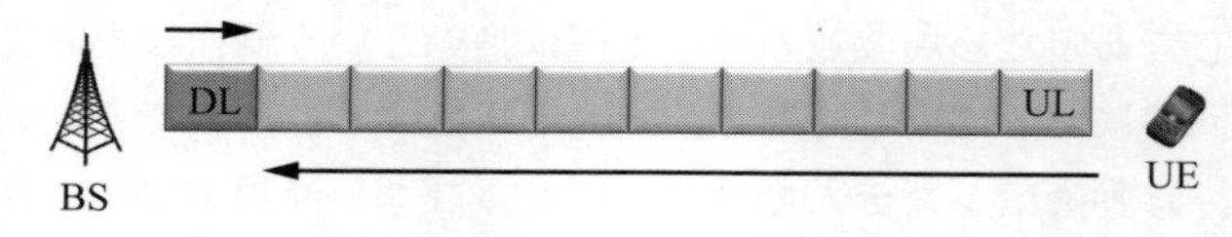

図7・5　柔軟なスロット割当て

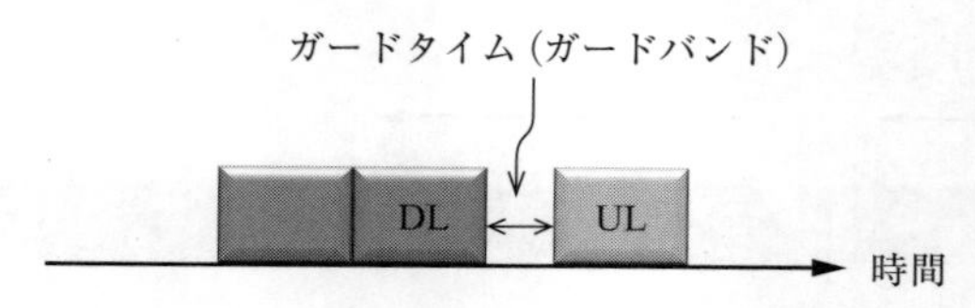

図7・6　TDDにおけるガードタイム

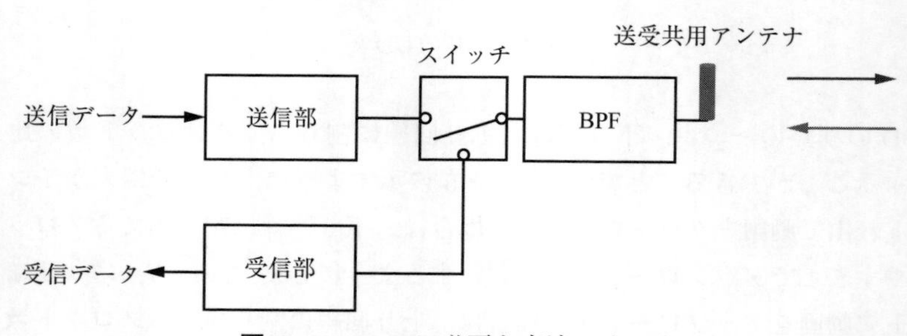

図7・7　TDDに必要な高速スイッチ

タ用に割り当てます．逆に，郊外のようにセル半径が大きいエリアでは，ガードタイムを長くして上下回線のスロット間に干渉が起こらないように設計されています．

FDDと同様に送受共用アンテナを用いる場合，TDDでは送信信号と受信信号を分離する高速スイッチが必要になります（**図7・7**参照）．下り回線で基地局からユーザ端末にデータを送信する場合はこのスイッチは基地局の送信部とアンテナを接続し，その送信信号が基地局の受信部に回り込まない働きをします．同様に，上り回線ではスイッチは受信部に接続され，その受信信号は送信部に回り込みしません．スイッチの分離度が小さいときはスイッチを多段接続して使用しま

す．なお，このTDD用スイッチはFDDで使用するDuplexerより比較的安価です．

TDDの利点の二つ目はチャネル応答に可逆性（Channel Reciprocity）があることです．可逆性とは，TDDは上下回線に同じ周波数を使うので上下回線のどちらかのチャネル応答がわかればもう一方の回線のチャネル応答を推定できるということです．この利点を活かすことで，いろいろな機能の制御を簡略化することができます．

逆にTDDには実現するうえでの難しさがあります．その一つが上下回線の時間同期です．移動通信においては，複数の基地局，複数の端末が存在する環境下において上下回線の電波の干渉を考える必要があります．基地局間の時間同期が取れていない場合，ユーザ端末（UE1）からの「上り」の希望信号を基地局Aの受信機（RX）で受信するとき，別の基地局Bの送信機（TX）が別のユーザ端末（UE2）に送信した「下り」の電波が基地局Aの受信機に干渉することでその希望信号が再生できなくなる場合があります．この様子を**図7・8**に示します．通常の移動通信システムでは，基地局の下り送信電力はユーザ端末の上り送信電力より大きいため，この干渉の影響は無視することができません．したがって，基地局間で時間同期を取り，無線フレームを同期させることはTDDにとって必須条件になります．

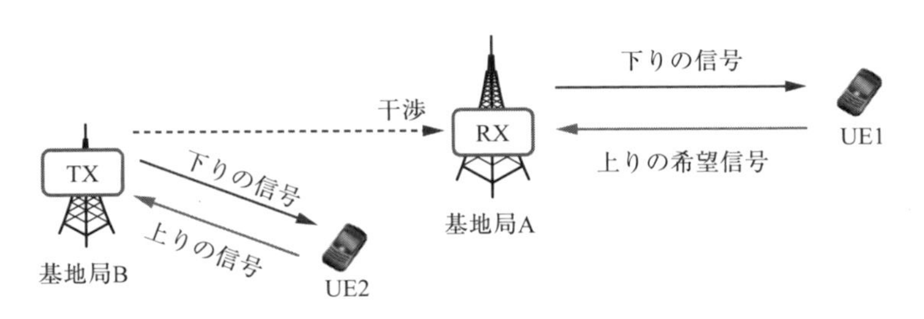

図7・8　上下回線の干渉

7-3　全二重無線通信

無線通信における複信方式では，上下回線で周波数帯が異なるペアバンドを用いるFDD，上下回線で周波数帯が同じ（一つ）であるけれど時間をずらすTDDが用いられています．FDDは基地局とユーザ端末間で同時に送受信できるという意味では全二重通信（Full Duplex）です．TDDは基地局とユーザ端末間で同時に送受信できないという意味では半二重通信（Half Duplex）になります．

近年，同じ周波数帯を用いて同時に送受信する全二重無線通信の研究が行われています．本技術を用いれば周波数利用効率はFDDの約2倍にすることができます．その様子を**図7・9**に示します．

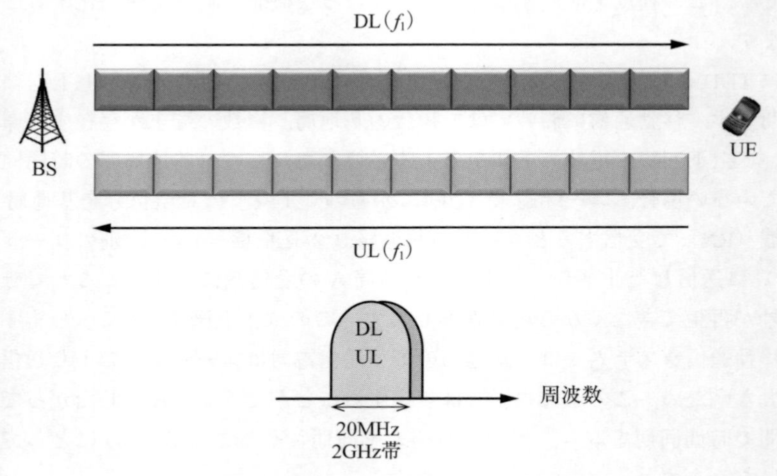

図7・9　全二重無線通信

しかしながら，全二重無線通信を実現するためには基地局の送信機から受信機に回り込む自己干渉（Self-interference）が問題となり，それを除去する必要があります．基地局と1台のユーザ端末間で全二重無線通信する場合にはユーザ端末においても，送受信機間に発生する自己干渉を除去しなければなりません．基地局と2台のユーザ端末間で全二重通信する場合には，ユーザ端末側には自己干渉は生じません．送受信アンテナが物理的に分かれているときの，送受信アンテナ間で発生する自己干渉の様子を**図7・10**に示します．破線で示した自己干渉量は送受信アンテナ間の距離，アンテナ構成により変わります．送受信アンテナ間の距離が大きくなれば自己干渉量は小さくなりますし，送信と受信で用いる電波の偏波面が異なれば同一の場合に比べて自己干渉量は小さくなります．送受共用アンテナを用いる場合は，自己干渉量はDuplexerまたはスイッチの電気信号の分離度に依存します．

自己干渉を除去する基本的な考え方を**図7・11**に示します．下り回線の電波として送信する前の送信信号から基地局の送信アンテナから受信アンテナに回り込

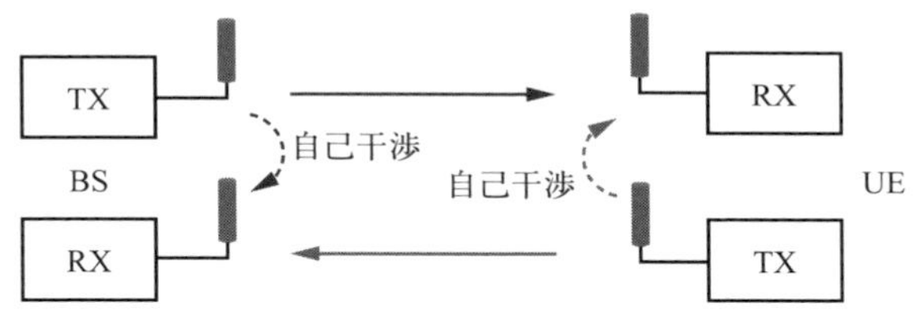

(a) 基地局と1台のユーザ端末間での全二重通信

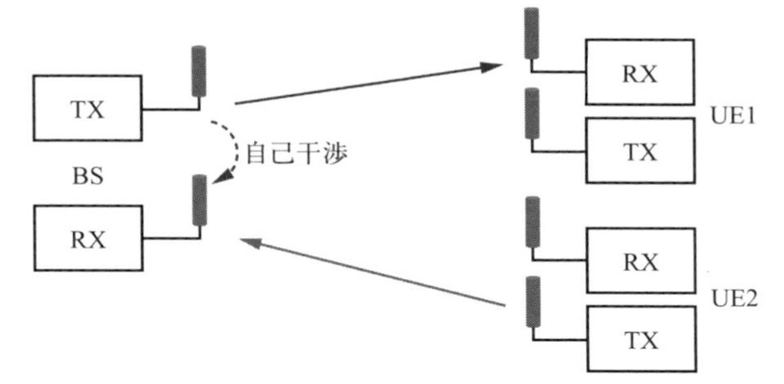

(b) 基地局と2台のユーザ端末間での全二重通信

図 7・10 全二重無線通信における自己干渉

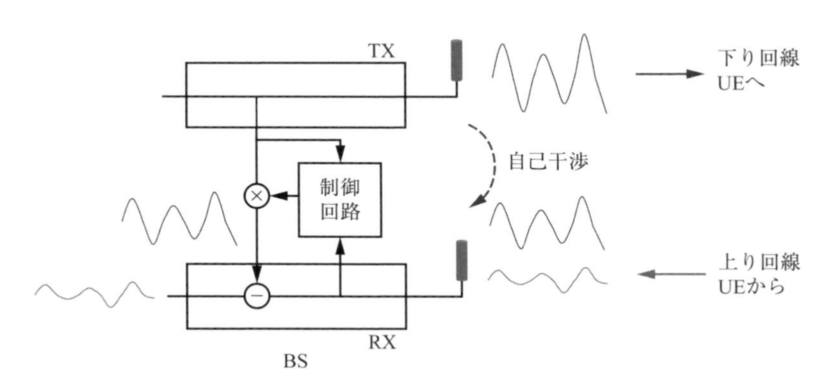

図 7・11 自己干渉補償器の構成

む自己干渉波のレプリカ信号を生成し，上り回線の自己干渉を含む受信波にそのレプリカ信号を逆相で加算すれば自己干渉を除去できます．

基地局とユーザ端末間のチャネル推定は参照信号を用いて行い，それをもとに受信信号を等化します．同様に，参照信号を用いて自己干渉のチャネル推定を行うことができればその結果をもとに自己干渉を除去することができます．

演 習 問 題

1. FDD に比べて，TDD はチャンネル応答の可逆性の点で優位である理由を述べよ．

2. 送受共用アンテナを用いる場合，FDD と TDD の送受信機間の信号を分離する方法の差異について述べよ．

3. FDD において，上下回線の割当て周波数帯の間にガードバンドが必要な理由を述べよ．

4. 基地局間の時間同期が取れていない場合，TDD で想定される問題を考察せよ．

5. 通信速度の柔軟性から見た TDD の利点を述べよ．

第8章 複数アンテナの利用ですべてが変わる

スマホのアンテナは内蔵されていて外から見えませんが，実は複数のアンテナ素子が組み込まれています．無線通信においてアンテナの役割は大きく，アンテナでシステム性能が決まるといっても過言ではありません．無線システムの性能を向上させるために，基地局とスマホに実装される送受信アンテナの素子数（または本数）は年々増加しています．この章では，主に移動通信システムに焦点を当て，複数の送受信アンテナを用いる目的とその効果について説明します．

8-1 受信アンテナダイバーシチ

アンテナダイバーシチ（Diversity）とは，複数の送信アンテナ，受信アンテナを用いて，無線システムの通信品質を向上させる技術です．送信側で複数の送信アンテナを用いて信号処理を行うものを送信アンテナダイバーシチ，受信側で複数の受信アンテナを用いて信号処理を行うものを受信アンテナダイバーシチと呼びます．**図8・1**は基地局BSの送信アンテナが1本，ユーザ端末UEの受信アンテナが2本の場合の受信アンテナダイバーシチの構成です．1本の送信アンテナから情報シンボルs（無線信号）を送信し，その情報シンボルsが異なる無線チャネルを経て受信側の2本の受信アンテナに到達するモデルです．このように，複数の受信アンテナを用いることで，無線区間には複数のチャネル応答（Channel Response）が存在することになります．アンテナダイバーシチは，これらの複数のチャネル応答が異なるように，すなわち複数のチャネル応答間の相関性を低くする技術です．チャネル応答が異なることで，送信された情報シンボルsがそれぞれのアンテナで受信する際にその振幅と位相が異なることになります．

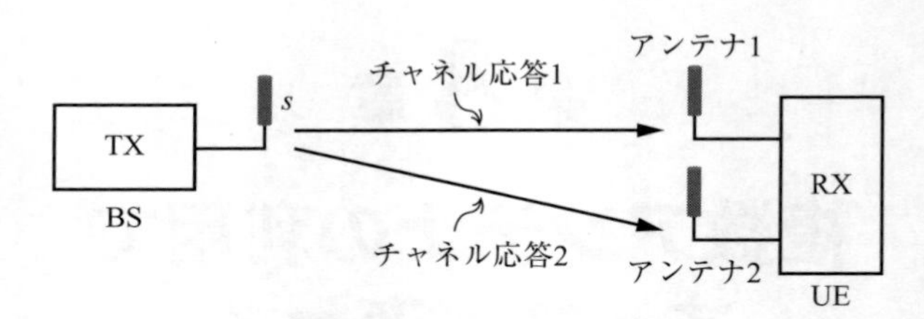

図8・1　受信アンテナダイバーシチ

受信アンテナダイバーシチは，チャネル応答1とチャネル応答2が異なるように受信アンテナを空間的に離して設置するため，アンテナ空間ダイバーシチとも呼ばれます．受信アンテナダイバーシチを用いて受信信号の品質を向上する方法として次の3種類があります．

(a)　選択合成：最も簡単な方法で，各アンテナで受信した受信電力あるいは受信SNRの中で最も良いアンテナブランチの信号を選択して出力する方法．選択には例えばスイッチを用いる．

(b)　等利得合成：各アンテナで受信した信号が互いに同位相になるように一方または両方のアンテナブランチの信号の位相を調整して合成することにより受信SNRを改善する方法．

(c)　最大比合成（Maximum Ratio Combining；MRC）：各アンテナで受信した信号が互いに等振幅同位相になるように一方または両方のアンテナブランチの信号の振幅（利得）と位相を調整して合成することにより合成後の受信SNRを最大にする方法．回路規模は選択合成，等利得合成に比べやや複雑になりますが，合成後の受信SNRが最も良くなります．

これら3種類の制御方法を**図8・2**に示します．

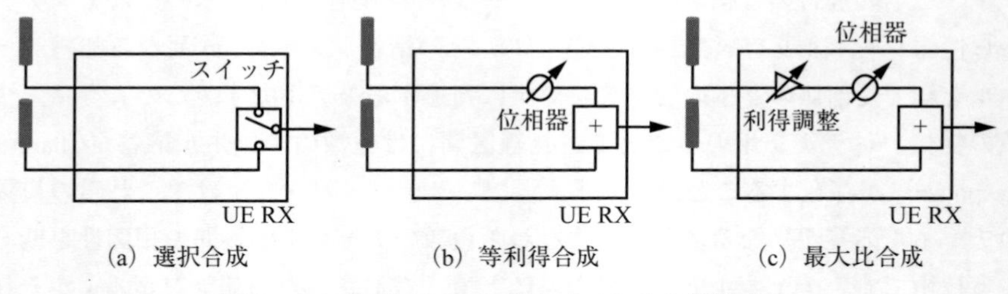

図8・2　受信アンテナダイバーシチの制御方法

2本の受信アンテナのそれぞれの受信電力と最大比合成で得られる受信電力の

時間変動特性を短い時間でサンプリングした例を**図 8・3** に示します．最大比合成の受信電力はアンテナ単体での受信電力に比べて大きくなり，雑音電力が一定とすると受信 SNR は改善されます．

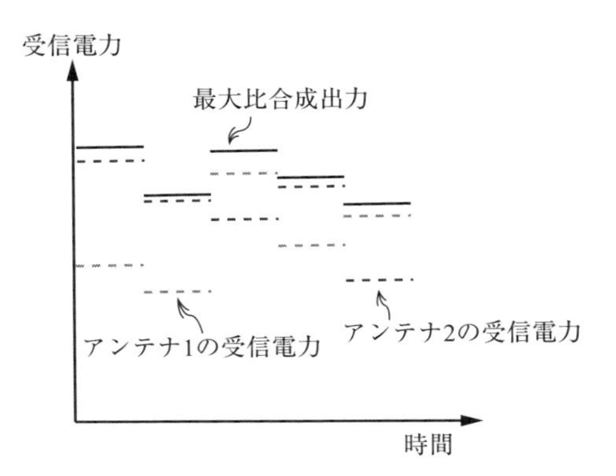

図 8・3 アンテナブランチの受信電力の時間変動特性と MRC 出力

このように受信アンテナダイバーシチは，複数のアンテナで受信した受信信号のすべての受信信号電力が同時に低下する確率は，1 本のアンテナで受信した受信信号電力が低下する確率よりも小さくなるという考え方に基づいています．特に選択合成法においては，複数の受信アンテナ間でいかに相関の低い複数の受信信号を得るかが重要になります．**図 8・4** は，アンテナ単体の受信電力と最大比合成後の出力電力を相対受信電力として横軸に取り，その横軸の値以下になる累積確率（Cumulative Distribution Function；CDF）を縦軸としたグラフです．この図においては，曲線が右側にあるほど大きい受信電力の発生確率が大きくなることを表しています．あるいは，ある CDF の値に着目しその値を満足する横軸の値から改善効果を電力差で評価する方法もあります．例えば図に示したように CDF = 0.01 に着目すると，アンテナ 1 の単体受信に比べて最大比合成の改善効果は 10 dB になります．

N 本のアンテナを用いた受信アンテナダイバーシチにおいて，各アンテナブランチは線形合成されるとして最大比合成により送信信号を復調する過程を示します．**図 8・5** に示すように，送信信号である情報シンボルは s，無線区間のチャネル応答は $h_1 \sim h_N$，各受信アンテナに加わる雑音は $n_1 \sim n_N$，複素重み係数は $w_1^* \sim w_N^*$，最大比合成出力は y とします．

各アンテナで受信した信号 $\boldsymbol{r}$ は次式で表されます．

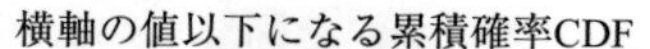

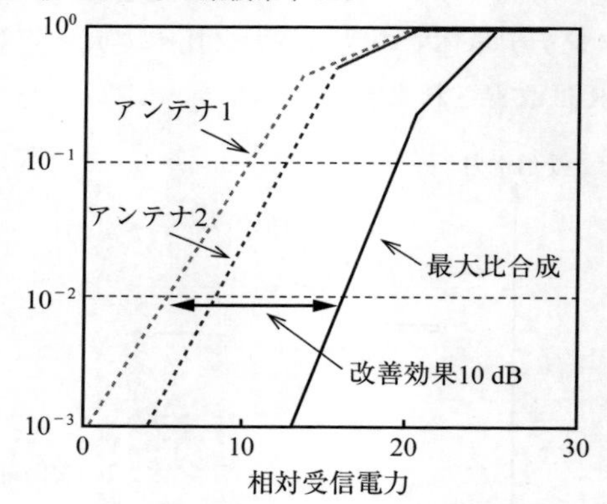

図8・4　最大比合成の効果

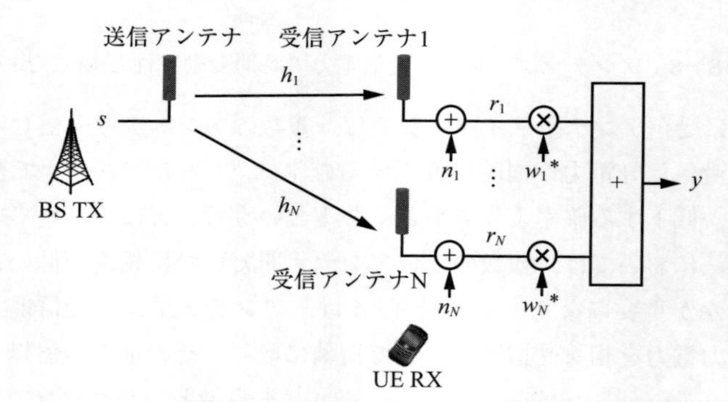

図8・5　受信アンテナダイバーシチの線形合成モデル

$$\boldsymbol{r}=\begin{pmatrix} r_1 \\ r_2 \\ \vdots \\ r_N \end{pmatrix}=\begin{pmatrix} h_1 \\ h_2 \\ \vdots \\ h_N \end{pmatrix}\cdot s+\begin{pmatrix} n_1 \\ n_2 \\ \vdots \\ n_N \end{pmatrix}=\boldsymbol{h}\cdot s+\boldsymbol{n} \qquad (8\cdot 1)$$

次に，$\boldsymbol{r}$ に重み付け乗算が行われた後それらを合成すると出力 y が得られます．

$$y=[w_1{}^*, w_2{}^*\cdots, w_N{}^*]\begin{pmatrix} r_1 \\ r_2 \\ \vdots \\ r_N \end{pmatrix}=w_1{}^*r_1+w_2{}^*r_2+\ \cdots\ +w_n{}^*r_N$$

$$=\boldsymbol{w}^{\mathrm{H}}\cdot\boldsymbol{r}=\boldsymbol{w}^{\mathrm{H}}\cdot(\boldsymbol{h}\cdot s+\boldsymbol{n}) \qquad (8\cdot 2)$$

ここで，$\boldsymbol{w}^{\mathrm{H}}$ は次式で定義された行列 $\boldsymbol{w}$ の複素共役転置を表します．

$$\boldsymbol{w}=\begin{pmatrix} w_1 \\ w_2 \\ \vdots \\ w_N \end{pmatrix} \tag{8・3}$$

最大比合成では，各アンテナで受信した信号が互いに同位相になるようにし，かつ各アンテナブランチの信号の振幅に比例した重み付けを行います．重み付け $\boldsymbol{w}^{\mathrm{H}}$ は，コーシー・シュワルツの不等式（Cauchy–Schwarz Inequality）を用いて，$\boldsymbol{w}_{\mathrm{MRC}} \propto \boldsymbol{h}$ に設定すればよいことがわかっています．ここでは $\boldsymbol{w}_{\mathrm{MRC}}=\boldsymbol{h}$ とすると，合成出力 y は以下の式から求まります．

$$\begin{aligned} y &= \boldsymbol{w}^{\mathrm{H}}\cdot\boldsymbol{r}=\boldsymbol{w}^{\mathrm{H}}\cdot(\boldsymbol{h}\cdot s+\boldsymbol{n})=(|h_1|^2+|h_2|^2+\cdots+|h_N|^2)s+noise \\ &= \left(\sum_{k=1}^{n}|h_k|^2\right)s+noise \end{aligned} \tag{8・4}$$

このように最大比合成出力 y は送信信号 s にチャネル応答の絶対値の 2 乗の総和を乗算した形になっていることがわかります．また，合成後の $\mathrm{SNR}_{\mathrm{MRC}}$ は各アンテナブランチの SNR の和になり，次式のように表すことができます．

$$\mathrm{SNR}_{\mathrm{MRC}}=\sum_{k=1}^{n}\frac{E\{|s|^2\}|h_k|^2}{\sigma_{\mathrm{noise}}{}^2}=\sum_{k=1}^{n}\gamma_k \tag{8・5}$$

ここで，$E\{|s|^2\}$ は信号の平均電力，$\sigma_{\mathrm{noise}}{}^2$ は雑音電力，γ_k は各アンテナブランチの SNR です．

簡単のために $N=2$ として y を求めます．$y=w_1{}^*(h_1s+n_1)+w_2{}^*(h_2s+n_2)$ となるので，最大比合成では $w_1{}^*=h_1$，$w_2{}^*=h_2$ の重み付けをすることで，次式から最大比合成出力 y が得られます．

$$\begin{aligned} y &= h_1(h_1s+n_1)+h_2(h_2s+n_2)=(|h_1|^2+|h_2|^2)s+(h_1n_1+h_2n_2) \\ &= (|h_1|^2+|h_2|^2)s+noise \end{aligned} \tag{8・6}$$

コラム 4 累積確率を表す累積分布関数 CDF

累積分布関数（CDF）を $F(x)$ とします．この $F(x)$ は確率変数 x がある値以下となる確率を表します．また，x の確率密度関数を $p(x)$ とします．$x=a$ のとき，$F(a)$ は次式で与えられます．

$$F(a) = \int_{-\infty}^{a} p(x)\,dx \tag{8·7}$$

つまり，$F(a)$はxがa以下となる確率をすべて累積（合計）した値を表します．したがって，変数xが（離散型ではなく）連続型変数とすると，$F(a)$は**図8・6**の矢印の部分を表していることがわかります．図8・4の横軸の相対受信電力は変数xに相当しています．

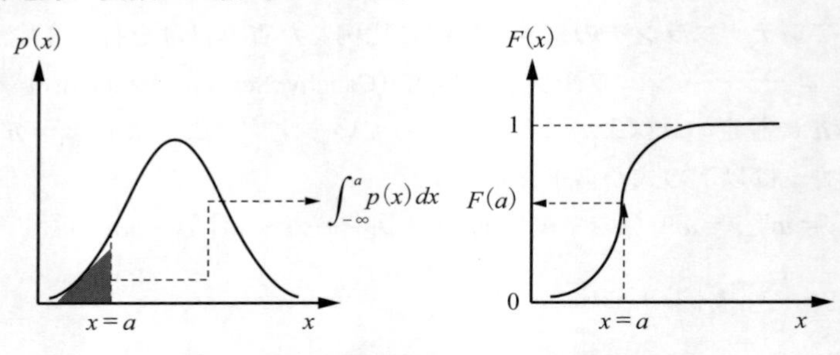

図8・6　確率密度関数と累積分布関数

8-2　送信アンテナダイバーシチ

送信アンテナダイバーシチは，複数の送信アンテナから情報シンボルs（無線信号）を送信し，異なる無線チャネルを経由して受信側で一つの受信アンテナでその無線信号を受信する技術です．送信アンテナダイバーシチは大別して閉ループ（フィードバック）型と開ループ（オープンループ）型の2種類あります．閉ループ型では，受信側から送信側に無線区間のチャネル応答を送りそれをもとに送信アンテナダイバーシチの信号処理を行います．例えばチャネル状態情報（Channel State Information；CSI）を使ってチャネル応答を送信側にフィードバックします．先の$N=2$の受信アンテナダイバーシチと比較するために，まずは**図8・7**に示すように，2本の送信アンテナと1本の受信アンテナのモデルで送信アンテナダイバーシチの効果を検証します．

送信アンテナ1から$r_1=w_1{}^*s$，送信アンテナ2から$r_2=w_2{}^*s$を送信します．送信アンテナ1，2と受信アンテナ間のそれぞれのチャネル応答をh_1，h_2，受信アンテナに加わる雑音をnとすると，受信信号yは次式から求まります．

$$y = h_1 r_1 + h_2 r_2 + n = (w_1{}^* h_1 + w_2{}^* h_2)s + n \tag{8·8}$$

送信側ではチャネル応答h_1，h_2がわからないので，ユーザ端末から上り回線を

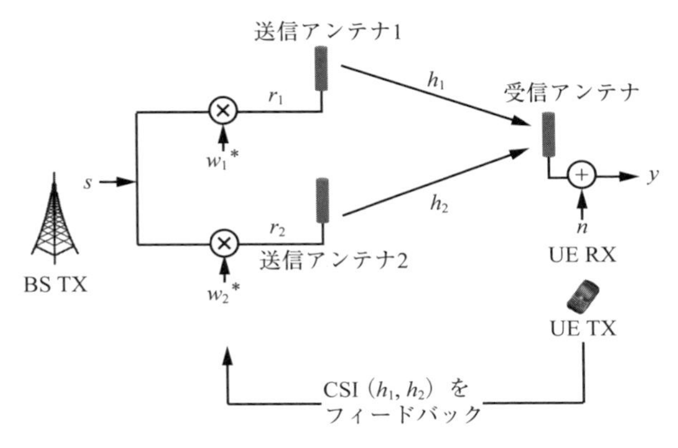

図 8・7　送信アンテナダイバーシチ

用いてチャネル応答 h_1, h_2 を含む CSI 情報を送信側の基地局に報告し，それを用いて $w_1{}^*=h_1$, $w_2{}^*=h_2$ の重み付けがなされます．送信アンテナダイバーシチの結果，受信信号 y は次式となります．

$$y=(|h_1|^2+|h_2|^2)s+n \tag{8・9}$$

これは式(8・6)と同じであることから，送信アンテナダイバーシチの効果は受信アンテナダイバーシチと同じであることがわかります．

一方，受信側から送信側に CSI 情報をフィードバックする必要がない開ループ型の送信アンテナダイバーシチはいくつかあります．遅延ダイバーシチや巡回遅延ダイバーシチ（Cyclic–Delay Diversity；CDD）は，ブロック化された同一信号を相対的に遅延時間の異なる複数のアンテナから送信することで，無線区間のパス数（チャネル応答 h の数）を恣意的に増やすことができます．受信側ではそれらの各パスを分離してその遅延時間差を調整して合成することでダイバーシチ効果を得る方法です．空間・時間符号化（Space–Time Block Coding；STBC）および空間・周波数符号化（Space–Frequency Block Coding；SFBC）を用いた送信アンテナダイバーシチは，送信する情報シンボルをブロック化し，時刻ごとに異なるブロック化された情報シンボルを複数のアンテナから送信することでダイバーシチ効果を得る方法です．

STBC は S. Alamouti 氏によって考案された方法で，二つの情報シンボルをダイバーシチ利得が得られるように符号化し，2 本のアンテナから 2 シンボル時間にわたって送信するアンテナダイバーシチ技術です．開ループ型であるため送信側にて無線区間のチャネル応答を知る必要はありません．手順は以下のとおりです．

情報シンボル s はタイムスロット時間単位ごとに連続して $\{s_1, s_2, s_3, s_4, \cdots, s_N\}$ のように送信部に入力されるとします．

最初の時刻に，アンテナ1から s_1，アンテナ2から s_2 を送信します．次の時刻に，アンテナ1から $-s_2^*$，アンテナ2から s_1^* を送信します．ここで，s_1^* は s_1 の複素共役（共役複素数）です．このように二つの情報シンボルと2タイムスロットを一つのセットとして送信します．この様子を**図8・8**に示します．

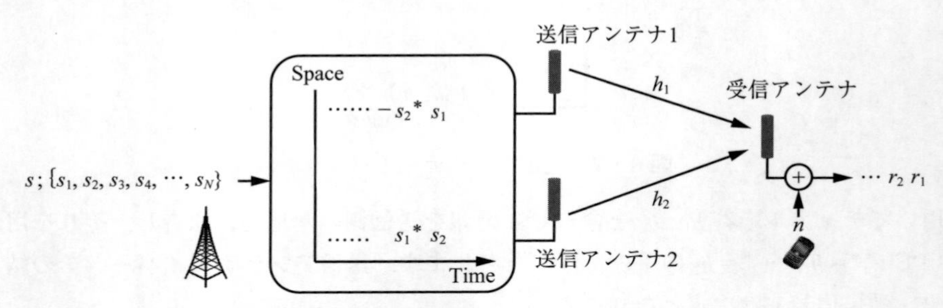

図8・8　STBCを用いた送信アンテナダイバーシチ

最初のタイムスロットでの受信側での受信信号 r_1 は次式で表されます．なお，無線区間のチャネル応答と受信機に加わる雑音 n は図8・7と同じとします．

$$r_1 = h_1 s_1 + h_2 s_2 + n \tag{8・10}$$

次のタイムスロットでの受信側での受信信号 r_2 は次式で表されます．

$$r_2 = -h_1 s_2^* + h_2 s_1^* + n \tag{8・11}$$

式(8・10)と式(8・11)を s_1，s_2 について整理し行列で表すと次式が得られます．

$$\begin{pmatrix} r_1 \\ r_2^* \end{pmatrix} = \begin{pmatrix} h_1 & h_2 \\ h_2^* & -h_1^* \end{pmatrix} \begin{pmatrix} s_1 \\ s_2 \end{pmatrix} + \begin{pmatrix} n \\ n^* \end{pmatrix} \tag{8・12}$$

ここで，チャネル行列 $\boldsymbol{H}$ を次のように定義します．

$$\boldsymbol{H} = \begin{pmatrix} h_1 & h_2 \\ h_2^* & -h_1^* \end{pmatrix} \tag{8・13}$$

行列 $\boldsymbol{H}$ は可逆であるとすると，行列 $\boldsymbol{H}$ の逆行列は次式で与えられます．

$$\boldsymbol{H}^{-1} = \frac{-1}{|h_1|^2 + |h_2|^2} \begin{pmatrix} -h_1^* & -h_2 \\ -h_2^* & h_1 \end{pmatrix} \tag{8・14}$$

式(8・12)の両辺に逆行列を乗算すると次式が得られます．ここで $\boldsymbol{y}$ は演算結果の出力で受信側で s_1，s_2 を取り出すことができることがわかります．

$$\boldsymbol{y}=\begin{pmatrix}y_1\\y_2\end{pmatrix}=\boldsymbol{H}^{-1}\begin{pmatrix}r_1\\r_2{}^*\end{pmatrix}=\begin{pmatrix}s_1\\s_2\end{pmatrix}+\boldsymbol{H}^{-1}\begin{pmatrix}n\\n^*\end{pmatrix} \tag{8・15}$$

送信アンテナダイバーシチの効果を確認するために，上式の行列演算を y_1，y_2 について解いてみると次式が得られます．

$$\begin{aligned}y_1&=\frac{1}{|h_1|^2+|h_2|^2}(h_1{}^*r_1+h_2r_2{}^*)\\&=\frac{1}{|h_1|^2+|h_2|^2}\{h_1{}^*(h_1s_1+h_2s_2+n)+h_2(-h_1{}^*s_2+h_2{}^*s_1+n^*)\}\\&=\frac{1}{|h_1|^2+|h_2|^2}\{(|h_1|^2+|h_2|^2)s_1+h_1{}^*n+h_2n^*\}\end{aligned} \tag{8・16}$$

$$\begin{aligned}y_2&=\frac{1}{|h_1|^2+|h_2|^2}(h_2{}^*r_1-h_1r_2{}^*)\\&=\frac{1}{|h_1|^2+|h_2|^2}\{(|h_1|^2+|h_2|^2)s_2+h_2{}^*n-h_2n^*\}\end{aligned} \tag{8・17}$$

このように，受信側で s_1，s_2 が分離して取り出すことができ，またそれぞれが最大比合成されていることがわかります．

SFBC は，STBC と同じように二つの情報シンボルをダイバーシチ利得が得られるように符号化し，符号化された二つの情報シンボルを 2 本のアンテナと周波数方向へマッピングする送信アンテナダイバーシチ技術です．二つの連続した情報シンボルである s_1 と s_2 を，アンテナ 1 に対して周波数方向に隣接した RB にマッピングします．例えば周波数方向の RB をサブキャリア 1 とサブキャリア 2 とすると，アンテナ 1 に対しては，サブキャリア 1 に $-s_2{}^*$ を，アンテナ 2 に対してはサブキャリア 2 に $s_1{}^*$ をマッピングします．SFBC の原理を**図 8・9** に示します．

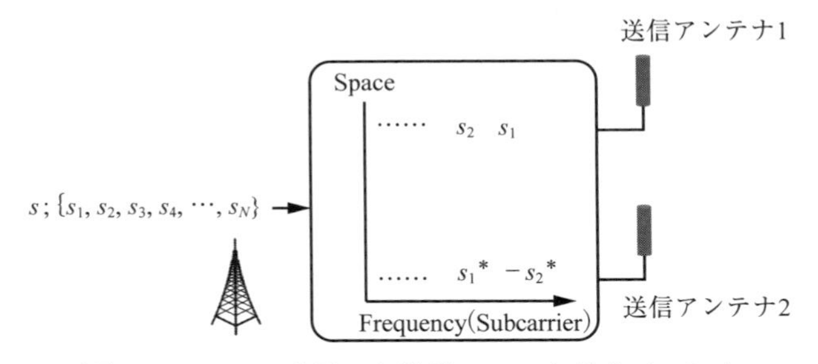

図 8・9　SFBC を用いた送信アンテナダイバーシチ

ここまで，主な複数のアンテナを用いた受信アンテナダイバーシチと送信アンテナダイバーシチについて説明しましたが，他にも複数の相関の低い受信波を得るために，偏波，角度，周波数およびルートの違いを利用する方法があります．偏波ダイバーシチは，直交する垂直偏波と水平偏波のチャネル応答が異なることを利用した方法です．角度ダイバーシチは，送信電波の広がりを利用し，指向性の異なる複数の受信アンテナを用いる方法です．周波数ダイバーシチは，周波数によりチャネル応答が異なることを利用して，二つの異なる周波数を用いる方法です．ルートダイバーシチは，主に有線ネットワークにおいて地理的に遠く離れた二つ以上の伝送路（ルート）を設定し，これを切り替える方法です．

8-3　MIMO 空間多重

MIMO（Multiple Input Multiple Output）は，複数の送信アンテナと受信アンテナを用いる技術の総称です．MIMO 空間多重は，異なる情報シンボルを異なるアンテナに入力し，同一周波数により同一時刻で並列伝送することにより伝送速度を向上させる技術です．受信側では，空間（無線伝送路）で混在した先の情報シンボルを複数のアンテナで受信したのち信号処理により異なる情報シンボルに分離・復号します．結果として，同時刻に異なる情報シンボルを並列伝送したことになるため伝送速度が向上します．ただし，異なる情報シンボルを空間多重しそれらの信号を受信側で分離・復号するには，各々の無線伝送路のチャネル応答が異なっていることが条件となります．

図8・10 は，基地局 BS，ユーザ端末 UE 間で2本の送信アンテナと2本の受信アンテナを用いた MIMO 空間多重の伝送路モデルです．

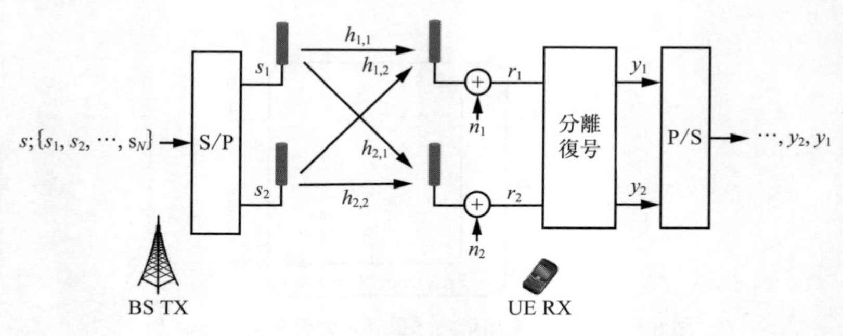

図8・10　MIMO 空間多重

基地局の送信アンテナ1から情報シンボル s_1，送信アンテナ2から s_2 を同時刻に送信します．ユーザ端末の受信アンテナ1，2で受信される信号 r_1，r_2 は次式で与えられます．なお，送信アンテナ1と受信アンテナ1，受信アンテナ2との間のそれぞれのチャネル応答を $h_{1,1}$，$h_{2,1}$，送信アンテナ2と受信アンテナ1，受信アンテナ2との間のそれぞれのチャネル応答を $h_{2,1}$，$h_{2,2}$，受信アンテナ1と2に加わる雑音をそれぞれ n_1，n_2 とします．

$$r_1 = h_{1,1}s_1 + h_{1,2}s_2 + n_1 \tag{8・18}$$

$$r_2 = h_{2,1}s_1 + h_{2,2}s_2 + n_2 \tag{8・19}$$

上式を s_1，s_2 について整理し行列で表すと次式が得られます．

$$\boldsymbol{r} = \begin{pmatrix} r_1 \\ r_2 \end{pmatrix} = \begin{pmatrix} h_{1,1} & h_{1,2} \\ h_{2,1} & h_{2,2} \end{pmatrix} \begin{pmatrix} s_1 \\ s_2 \end{pmatrix} + \begin{pmatrix} n_1 \\ n_2 \end{pmatrix} = \boldsymbol{H} \cdot \boldsymbol{s} + \boldsymbol{n} \tag{8・20}$$

ここで，チャネル行列 $\boldsymbol{H}$ は可逆であるとすると，次式に示すように受信信号 $\boldsymbol{r}$ に $\boldsymbol{H}$ の逆行列 $\boldsymbol{H}^{-1}$ を乗算することにより出力 $\boldsymbol{y}$ が得られます．したがって，送信した情報シンボル s_1，s_2 を取り出すことができます．

$$\boldsymbol{y} = \begin{pmatrix} y_1 \\ y_2 \end{pmatrix} = \boldsymbol{H}^{-1} \cdot \boldsymbol{r} = \boldsymbol{H}^{-1} \begin{pmatrix} r_1 \\ r_2 \end{pmatrix} = \begin{pmatrix} s_1 \\ s_2 \end{pmatrix} + \boldsymbol{H}^{-1} \begin{pmatrix} n_1 \\ n_2 \end{pmatrix} \tag{8・21}$$

ここで，現実的ではありませんが信号分離ができる簡単な例を紹介します．**図8・11**は，送信側で情報シンボル a，b を送信し，異なるパスを経由して2本の受信アンテナにそれぞれ $a_{1,1}+b_{1,2}$，$b_{2,2}+a_{2,1}$ が到達したことを表しています．受信側で $a_{1,1}$ と $a_{2,1}$ が同相，等振幅に，および $b_{2,2}$ と $b_{1,2}$ が逆相，等振幅になるように処理できたとすると，2本のアンテナ出力を加算することで情報シンボル a を，また2本のアンテナ出力を減算することで情報シンボル b を取り出すことができます．

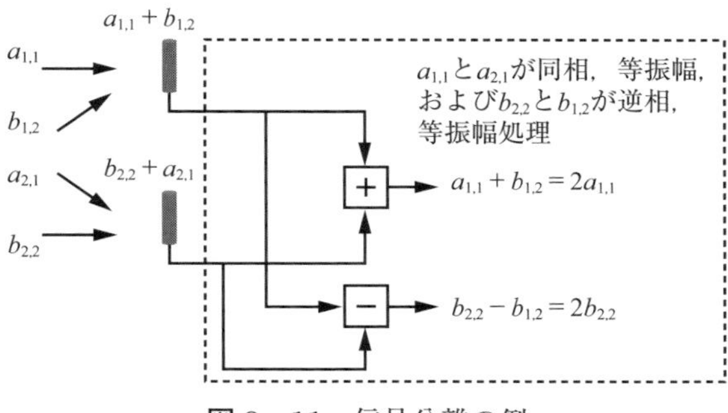

図8・11 信号分離の例

実際の信号分離・復号の方法は複雑で，演算処理量を含む回路規模および信号分離の精度によりいろいろな方法があります．ZF 法（Zero-Forcing）は，先に説明したように受信信号にチャネル行列の逆行列を乗算する方法です．演算処理量は極めて少ないですが精度は普通です．MMSE 法（Minimum Mean Squared Error）は，平均 2 乗誤差最小規範に基づく線形フィルタを用いる方法で演算処理量は少なく精度は比較的良いです．SIC 法（Successive Interference Canceller）は，判定帰還データを用いて MMSE 等化を行う方法です．演算処理量は普通で精度も良いです．MLD 法（Maximum Likelihood Detection）は，信号を検出する際に最尤検出を用いる方法で演算処理量は大きくなりますが精度はかなり良くなります．ASESS 法（Adaptive Selection of Surviving Symbol Replica Candidate）は，MLD 法を基本に演算量の低減を図った方法です．

MIMO 空間多重の効果は受信機における受信 SINR の特性に依存します．受信 SINR が $+\infty$ の理想的な条件では，伝送速度はアンテナ本数に比例します．例えば，4 本の送受信アンテナを用いた MIMO 空間多重は，単一アンテナの送受信に比べて伝送速度は 4 倍になります．受信 SINR が小さくなるに従って，空間多重の効果は大幅に減少します．

MIMO 空間多重信号を受信側で分離するためには，ある程度の良好な受信 SINR が必要になります．このため，無線チャネル品質に応じて，空間多重数，すなわち並列伝送する信号系列数を適応的に切り替えることを行っています．この処理をランクアダプテーション（Rank Adaptation）と呼びます．詳細は 8–5 節の送信パラメータの設定のところで説明します．

コラム 5　共役複素数と複素平面

8 章では複素数を用いた解析が多く出てきましたので，複素数について補足します．このコラムでは虚数の単位を i と表記します．ちなみに，i は Imaginary Number の頭文字です．複素数 z は二つの実数 a，b を用いて $z=a+bi$ で表されます．複素数 z の共役複素数 z^* は $a-bi$ です．$zz^*=a^2+b^2\geq 0$ となるため，複素数と共役複素数の乗算は 0 以上の実数となります．また，z の絶対値は $|z|=\sqrt{a^2+b^2}$ で表します．よって，$zz^*=|z|^2$ が成立します．

図 8・12 に示すように，複素数は実部と虚部を $x-y$ 軸とする複素平面で表すことができます．また，原点から複素数の点 z まで大きさが r で実軸から

の角度θをもつベクトルの極形式で複素数を表すこともできます．このとき，次式が成立し，rの大きさは複素数zの絶対値$|z|$と等しくなります．

$$z = r\cos\theta + ir\sin\theta \tag{8・22}$$

なお，1章で示したディジタル変調波$s(t)$の$I(t)$と$Q(t)$による直交座標と，$A(t)$と$Ø(t)$を用いた極座標表示はこの複素数表示の考え方に基づいています．

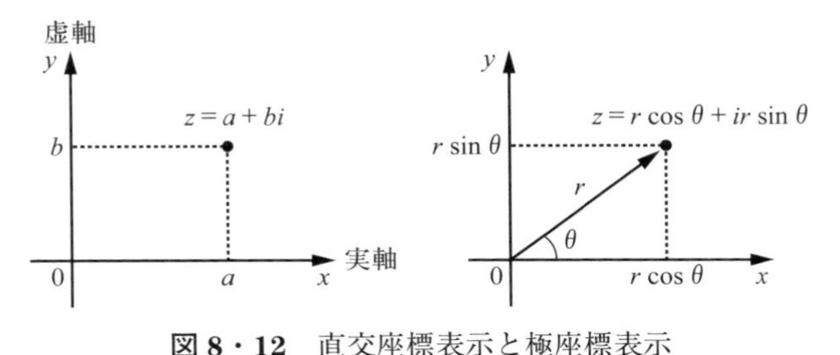

図 8・12　直交座標表示と極座標表示

8-4 ビームフォーミング

ビームフォーミング（Beam Forming；BF）には，電波のビームを特定の方向に向けて送信する送信BFと，特定の方向からの電波を受信する受信BFがありますが，本書では主に送信BFを扱います．送信BFの目的は，基地局からユーザ端末に電波を送信するときに，ユーザ端末の受信機における受信電力を大きくし受信SINRを向上させることです．言い換えると，所要SINRが一定のセルサイズを大きくすることができます．また，同時に他のユーザ端末への電波干渉を低減することもできます．

全方向に電波を放射する場合と送信BFを適用して電波を放射する場合の概念を**図 8・13**に示します．電波のエネルギーという点から見ると，全方向放射はむだなエネルギーを消費していることがわかります．一方，送信BFは目的とするユーザ端末にエネルギーを集中して電波を送信するため，エネルギー効率は良いといえます．

下り回線における送信BFは，基地局に複数のアンテナ素子（またはアンテナ本数）を配列し，送るべき信号（情報シンボルs）をそれぞれのアンテナにコピーして入力します．各アンテナ素子に供給される信号の位相と振幅を調整することにより，電波の送信ビームを目的とするユーザ端末の方向に向けることがで

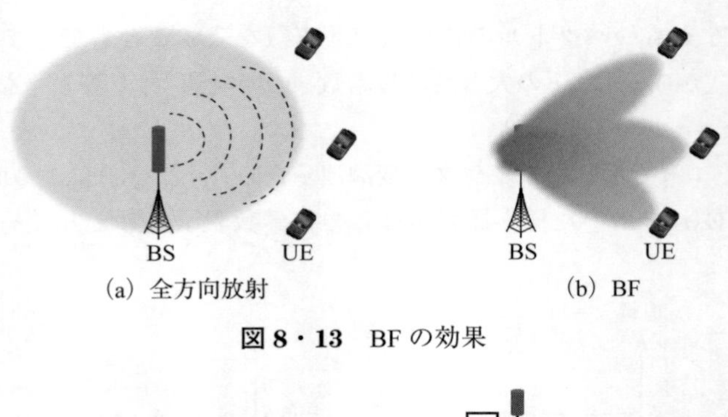

(a) 全方向放射　(b) BF

図8・13　BFの効果

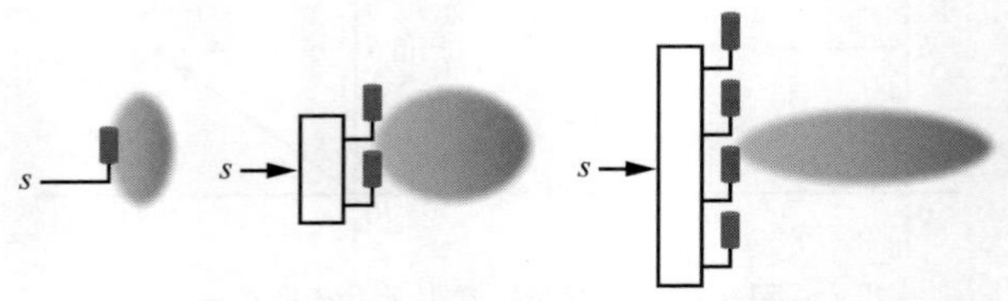

図8・14　アンテナ素子数とビーム幅

きます．このようなBFアンテナの形態を，フェーズドアレーアンテナまたはアダプティブアレーアンテナとも呼びます．

図8・14に示すように，アンテナ素子数を増やすことで送信ビームを細く，すなわち3 dBビーム幅を小さくすることができます．また，それと同時にアンテナ利得も大きくすることができます．1素子当たりの最大アンテナ利得に比べて2素子用いると最大アンテナ利得は2倍となり3 dB大きくなります．

送信BFの解析モデルは図8・7に示した送信アンテナダイバーシチのモデルと同じになります．送信BFを動作させるには，式(8・8)におけるw_1^*，w_2^*は受信信号yの電力を最大にするように設定されます．同様に，受信BFのモデルは図8・5に示した受信アンテナダイバーシチのモデルと同じになります．受信BFを動作させるには，それぞれの受信アンテナに入力された信号に重み付け制御を行い，合成信号の受信SINRを最大化するように設定されます．これは，受信アンテナ利得を最大化していることと等価です．

送信BFの制御法は送信アンテナの素子間隔によって異なります．複数のアンテナ素子を含む全体の長さが1波長以下の場合は，各アンテナ素子に入力された信号の位相を調整することにより特定方向への送信ビームを形成することができます．なお，この条件ではアンテナ素子間隔が狭いため無線区間の複数パスのチャネル応答の相関が高くなります．一方，アンテナ素子間隔が数波長以上の場合，各アンテナ素子に入力された信号の振幅と位相を調整することにより特定方向への送信ビームを形成することができます．この場合は，アンテナ素子間隔が離れているため，無線区間の複数パスのチャネル応答の相関が低くなります．これらをまとめて**図 8・15** に示します．

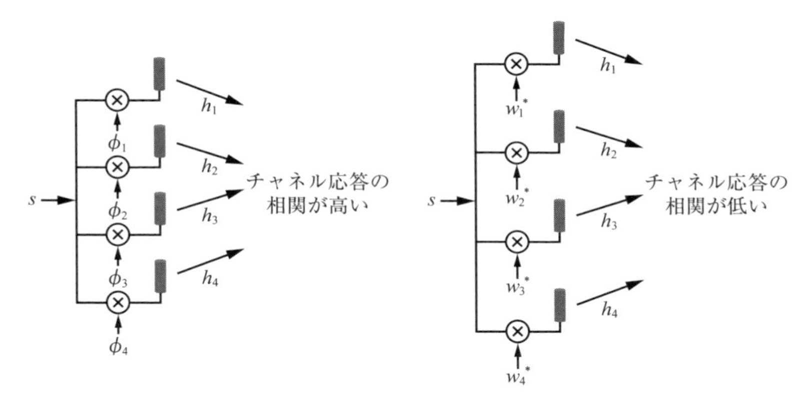

図 8・15 BF とアンテナ素子間隔の関係

送信 BF には 2 次元 BF（Two–Dimensional BF；2D–BF）と 3 次元 BF（Three–Dimensional BF；3D–BF）があります．**図 8・16** は，平面アンテナ素子を水平方向に配置して実現する水平方向の 2D–BF，垂直方向の配置により実現する垂直方向の 2D–BF，および 2 次元配置の超多素子（Massive MIMO）アンテナを用いて実現する水平・垂直方向の 3D–BF の概念図です．基本的には，各アンテナ素子に入力される信号の位相と振幅の設定によりあらゆる方向に向けて電波を放射できます．

アンテナダイバーシチを実現するためには，一般的に無線区間のチャネル応答の相関が低くなるようにアンテナ素子間隔を数波長以上に離す必要があり，同じ構成のアンテナで BF とアンテナダイバーシチを機能させるためにはアンテナ構成は図 8・15 の右側になります．この構成で送信 BF を実現するためには複素重み付け演算を行いますが，この複素重み付け演算は時間を要するため簡便的にコードブックを用いたプリコーディングという手法を用いて重み付け処理が施されます．コードブックはチャネル応答特性と複素重み付け量を対応付けた表で，あらかじめ用意しておきます．チャネル応答特性からそのコードブックを参照してプリコーディングの重み付け処理が行われます．これらは，8–2 節で述べた閉

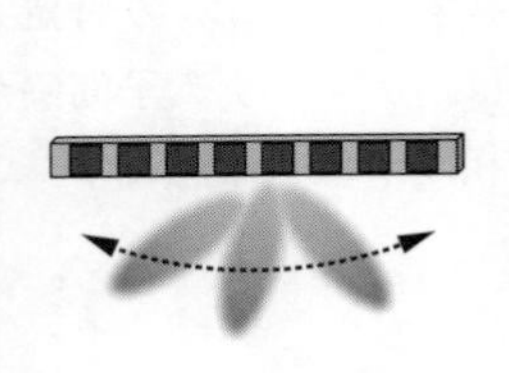
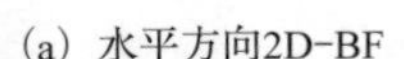
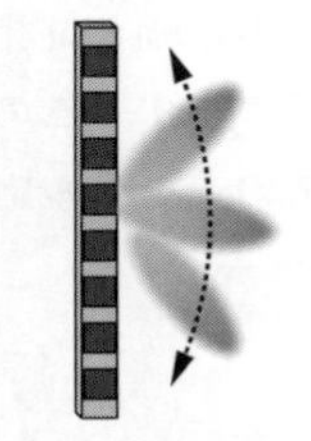

(a) 水平方向2D-BF　(b) 垂直方向2D-BF　(c) 3D-BF

図 8・16　2D-BF と 3D-BF

ループ型送信アンテナダイバーシチで用いるCSIと連動することで実現できます．

コラム 6　最適ビーム選択規範

基地局の最適ビーム選択規範に基づいた下り回線のBFでは，あらかじめ定められた複数の制御ビームをユーザ端末に順次送信（スイープ）し，そのユーザ端末はすべての送信ビームの受信電力またはSINRを測定し，それらの結果を基地局に報告します．基地局はその中から受信SINRが最大となるビームをそのユーザ端末に対して選択します．この最適ビーム選択規範に基づいた基地局とユーザ端末間の接続シーケンスを**図 8・17**に示します．ここでBFによるユーザスループット（実効通信速度）の改善効果の例を示します．**表 8・1**は計算機シミュレーションに用いた諸元で，最大24ビームの放射が可能な3次元BFとします．**図 8・18**は3次元BFのビーム数に対する

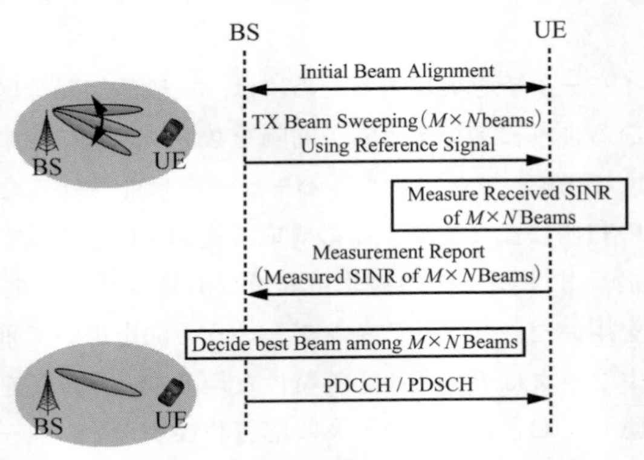

図 8・17　最適ビーム選択規範に基づいたBF

表 8・1 計算機シミュレーションに用いた諸元

項　目	内　容
無線周波数	2 GHz
信号帯域幅	10 MHz
セル半径（ISD）	289 m（500 m）
送信アンテナ高	32 m
送信電力	46 dBm
アンテナダウンチルト角	15 deg.
垂直方向ビーム数 M	1〜3
水平方向ビーム数 N	8
送信アンテナ利得	G〔dBi〕= 10 log(M・N) + 14
変調方式	QPSK〜1024-QAM

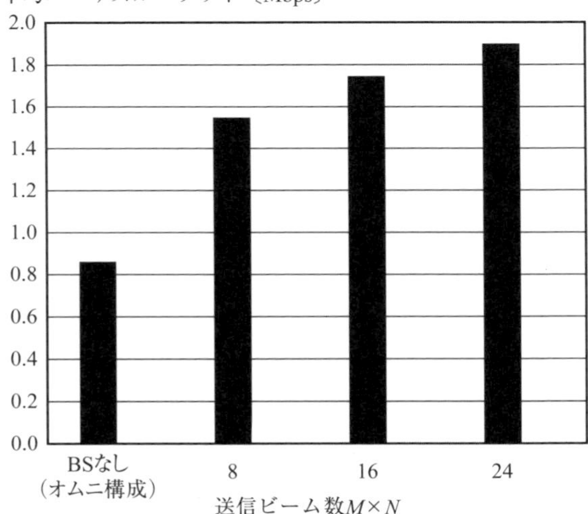

図 8・18 3D-BF によるユーザスループット改善効果

平均ユーザスループットを表しており，ビーム数の増加によりユーザスループットは改善されることがわかります．例えば，ビーム数が 24 の 3 次元 BF により，BF を用いないオムニ構成と比較して平均ユーザスループットを約 2 倍改善できることがわかります．

8-5　送信パラメータの設定

移動通信では，フェージングにより無線チャネルが変動し受信点において受信電力，および受信 SINR が変動します．この無線チャネルの変動に対して，6-3 節ではユーザ端末に効率よく無線リソースを割り当てるスケジューリングについて説明しました．ここでは，無線チャネルの変動に対して，変調方式，符号化率，MIMO 空間多重数などの送信パラメータをどのように設定するかについて説明します．

8-5-1　ダイバーシチ，空間多重，BF の使い分け

ここまで，複数のアンテナ素子を用いる送受信アンテナダイバーシチ，MIMO 空間多重，およびビームフォーミングについて述べました．機械的にアンテナの配置は変えられない場合，これら三つの機能を効率的に使い分けることが重要になります．無線チャネルの特性が悪く受信 SINR が小さいときは MIMO 空間多重の効果は得られません．この場合は伝送速度の向上よりも伝送品質の向上を優先し複数アンテナは受信 SINR を向上するビームフォーミングまたは送受信アンテナダイバーシチとして機能させるべきです．これは，8-3 節で述べたランクアダプテーションにおいて空間多重数を減らすことを意味しています．

図 8・19 は MIMO 空間多重による利得とアンテナダイバーシチによる利得との間のトレードオフの関係を示した概念図です．MIMO 空間多重による利得は伝送速度の改善度を表し，すべてのアンテナ（送信アンテナ数 M，受信アンテナ数 N）を MIMO 空間多重に使用できる場合，その利得は最大値で $\min(M, N)$ です．アンテナダイバーシチによる利得は受信 SINR の改善度で，すべてのアンテナをアンテナダイバーシチに使用できる場合，その利得は最大値で MN としています．MIMO 空間多重の利得を p とすると，アンテナダイバーシチの利得は $(M-p)(N-p)$ です．

図 8・20 に示すように，ユーザ端末 UE1 の受信 SINR は小さいので受信 SINR を改善するために多くの送信アンテナ素子を BF や送受信アンテナダイバーシチに使用します．逆に空間多重用に送信アンテナは使用しません．ユーザ端末 UE2 の受信 SINR は大きいので伝送速度の向上を優先し多くのアンテナ素子を空間多重に使用し，BF や送受信アンテナダイバーシチには使用しません．無線区間のチャネル応答は時間変動するので，この使い分けは刻々と変化します．

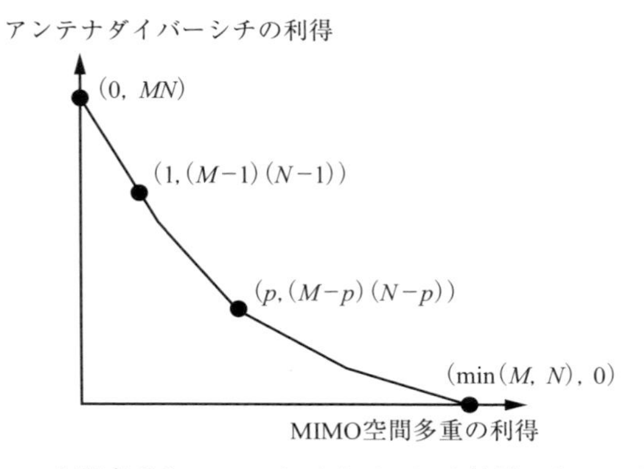

図 8・19 空間多重とアンテナダイバーシチ効果のトレードオフ

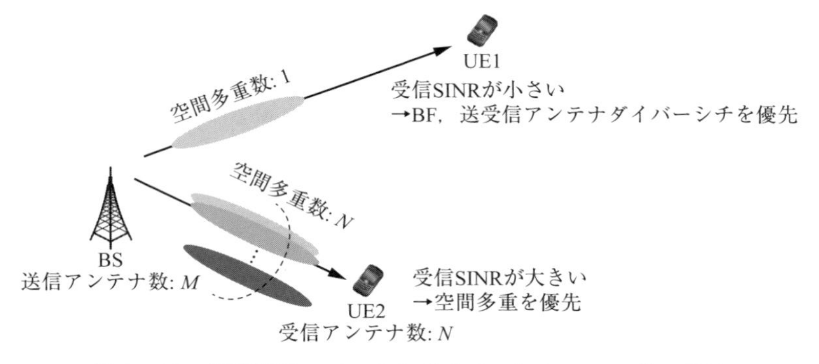

図 8・20 空間多重，アンテナダイバーシチ，BF の使い分け

8-5-2 適応変調符号化と MCS

基地局とユーザ端末間の無線チャネルの品質に応じて，基地局が最適な変調方式と符号化率の組合せを決定し，それを用いてデータ送信する方法を適応変調符号化（Adaptive Modulation and Channel Coding；AMC）と呼びます．例えば，無線チャネル品質が良い場合には 16/64/256-QAM などの高次の変調方式を用いてデータを送信します．悪い場合は QPSK などの低次の変調方式を用い，かつ受信側での信号の誤りを軽減するために符号化率を小さくしてデータを送信します．符号化は，送信側で情報データを担うビットに情報を含まない誤り訂正用の冗長ビットに付加することにより，受信側でのビット誤りの耐性を向上させる技術です．基本的な (n, k) 符号は，全体が n ビットとして，そのうち情報ビットに k ビット，誤り訂正用冗長ビットに $(n-k)$ ビットを割り当てる符号形式です．このとき

符号化率（Coding Rate）は k/n となります．したがって，無線チャネル品質が悪い場合は小さい符号化率を適用します．このように，無線チャネルの品質をもとに最適な変調方式と符号化率の組合せを決定します．

また，その組合せを index 化したものを一般的に MCS（Modulation and Coding Scheme；MCS）と呼びます．**表８・２**は 32 種類の MCS Index の例です．index 番号が大きくなるに従って変調方式の次数および周波数の利用効率は大きくなり，それに伴って回線のユーザスループットを大きくすることができます．**図８・21**

表８・２　MCS Index のテーブル
（index 0～27 は標準化団体 3GPP で定められた数値）

MCS Index	変調方式	符号化率 $R=x/1024$	周波数利用効率
0	QPSK	120	0.2344
1		193	0.377
2		308	0.6016
3		449	0.877
4		602	1.1758
5	16-QAM	378	1.4766
6		434	1.6953
7		490	1.9141
8		553	2.1602
9		616	2.4063
10		658	2.5703
11	64-QAM	466	2.7305
12		517	3.0293
13		567	3.3223
14		616	3.6094
15		666	3.9023
16		719	4.2129
17		772	4.5234
18		822	4.8164
19		873	5.1152
20	256-QAM	682.5	5.332
21		711	5.5547
22		754	5.8906
23		797	6.2266
24		841	6.5703
25		885	6.9141
26		916.5	7.1602
27		948	7.4063
28	1024-QAM	768	7.500
29		819.2	8.000
30		870.4	8.500
31		938.7	9.167

はユーザ端末の場所（受信 SINR）によって基地局が選択する MCS Index が異なることを表しています．また，その MCS Index が時間とともに変化していることを表しています．ユーザ端末 UE1 に対しては，その受信 SINR は悪いため基地局は QPSK を用いてデータ送信します．一方，受信 SINR が良好な UE3 に対しては，基地局は 256-，または 1024-QAM を用いてデータ送信することができます．UE2 に対してはその中間です．下り回線のユーザ端末における受信 SINR とそのユーザスループットの関係を**図 8・22** に示します．一点鎖線，破線，および実線はそれぞれ MCS 4，MCS 19，および MCS 27 を用いてデータ送信したときのユーザスループットを表します．ユーザスループットは受信 SINR の増加に伴って大きくなりますが，それぞれの MCS に対してユーザスループットには上限値があります．例えば，MCS 4 を用いた場合は受信 SINR が範囲①を超えていくら良く

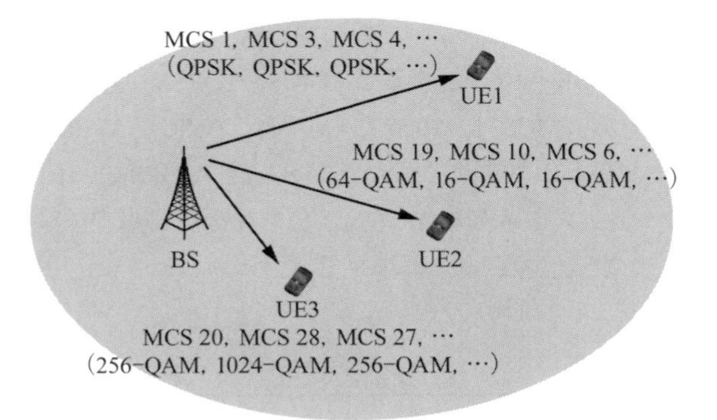

図 8・21　チャネル応答の異なる UE への MCS Index の割当て

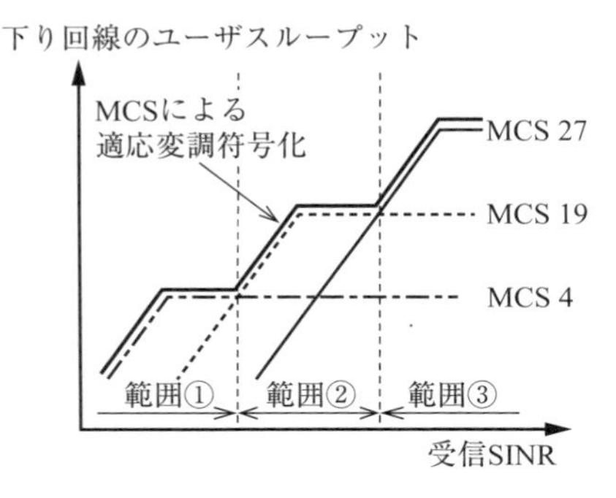

図 8・22　MCS とユーザスループットの関係

なってもユーザスループットは増えません．太線は，MCS Index を用いた適応変調符号化によりユーザスループットが連続的に変化する様子を表しています．この図から，受信 SINR の範囲①では MCS 4 を，範囲②では MCS 19 を，範囲③では MCS 27 を用いると，そのユーザ端末のスループットを最大化できることがわかります．

コラム7　1024-QAM の BER 特性

表8・2には QPSK～1024-QAM の変調方式を対象とした MCS の例を示しました．その中からいくつかの MCS index を取り上げ，それらを用いた場合の受信 SNR 対 BER 特性を**図8・23**に示します．**表8・3**には計算機シミュレーションに用いた諸元を表しており，符号化には 5G で採用された LDPC を用いています．1スロットは14個の OFDM シンボルを含んでいます．例えば評価指標を BER = 10^{-2} とすると，MCS5（QPSK）に必要な SNR は 6 dB となります．一方，MCS31（1024-QAM）は，SNR が 33 dB 以上にならないと使えないことがわかります．また，**図8・24**に QPSK～1024-QAM の信号コンスタレーションを示します．なお，それぞれにはデータ信号に加えて QPSK を用いた参照信号が含まれています．

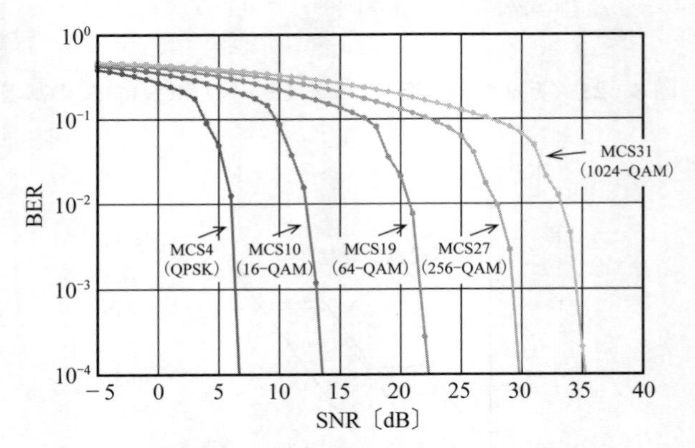

図8・23　QPSK～1024-QAM の BER 特性

表8・3　計算機シミュレーションに用いた諸元

項　目	内　容
帯域幅	100 MHz
サブキャリア間隔	30 kHz
FFTサイズ	4096
サンプリングレート	122.88 MHz
変調方式	QPSK～1024-QAM
符号化	LDPC
測定スロット数	100

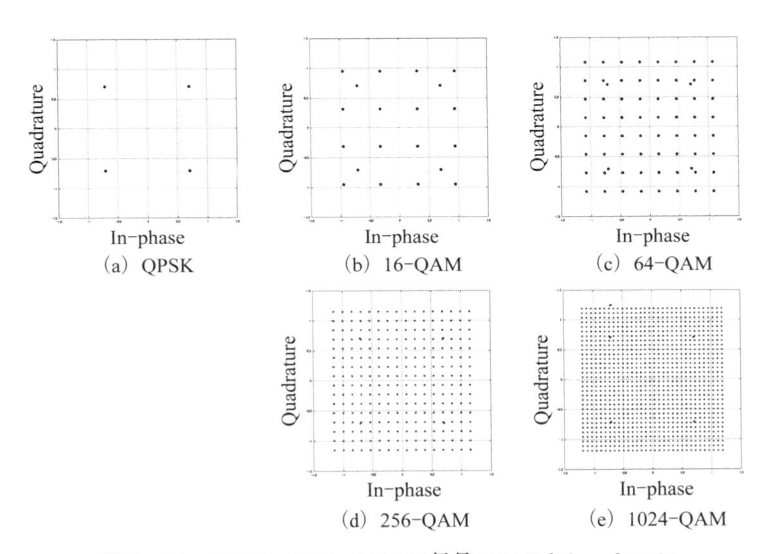

図8・24　QPSK～1024-QAMの信号コンスタレーション

演習問題

1. 次の文章の空欄①～⑤を適切な字句で埋めよ．

受信アンテナダイバーシチの効果は，情報シンボルsを送信したとき，複数のアンテナで受信した受信信号のすべての受信信号電力が［①］に低下する確率は，一つのアンテナで受信した受信信号電力が低下する確率よりも［②］なることである．したがって，受信アンテナダイバーシチにおいては，いかに［③］の低い複数の受信信号を得るかが重要である．受信アンテナダイバーシチの方法は，選択合成，等利得合成，および［④］の3種類がある．［④］は，各アンテナの受信信号の振幅と位相を調整し合成後の［⑤］を最大にする方法である．

2. STBCおよびSFBCは，送信する情報シンボルをブロック化し，ある時刻に異なる情報シンボルを同時に異なるアンテナから送信する送信アンテナダイバーシチである．ブロック化の具体的な方法を述べよ．

3. 電波のエネルギーの点から見て，全方向放射に比べてBFが優れている理由を述べよ．

4. BFのビーム幅を小さく（細く）するためにはアンテナ素子数を増やすことである．その理由について考察せよ．

5. MIMO空間多重に必要な条件を述べよ．

6. 無線区間のチャネル応答を用いてMIMO空間多重信号を受信側で分離する方法について説明せよ．

7. 適応変調符号化の一つであるMCSにおいて，MCS Indexの選択とユーザ端末の受信特性との関係を述べよ．

8. 基地局およびユーザ端末に実装できるアンテナ素子数（本数）は限られている．この条件で，アンテナダイバーシチ，BF，およびMIMO空間多重を効率良く使い分ける方法について述べよ．

第9章
ネットワーク技術とは

ネットワーク技術と聞くと，TCP/IPの通信プロトコルとかOSI（Open Systems Interconnection）参照モデルを思い浮かべますが，本書ではセルの構成技術をネットワーク技術と呼ぶことにします．ユーザ端末が増大し，かつモバイルデータトラヒックが増大する状況の中で，システム容量を増大するためにセルを基本とするネットワーク構成技術は一層複雑になっています．また，セル端の通信品質を向上することも求められています．この章では，移動通信システムにおけるヘテロジーニアスネットワークを中心に，そのネットワーク構成と効果について説明します．

9-1 ヘテロジーニアスネットワーク

ユーザ端末の増加およびモバイルデータトラヒックを効率良く最も単純に処理するネットワーク技術としてヘテロジーニアスネットワーク（Heterogeneous Network；HetNet）があります．HetNetは**図9・1**に示すように，大電力のマクロ基地局が管理するマクロセル内に小電力のピコ基地局を重畳配置するネットワーク構成です．マクロ基地局とピコ基地局の無線リソースは独立であり，マクロセル内のピコ基地局の数を増やすと無線リソースは増加するためシステム容量を増加することができます．それに伴ってHetNetはシステム全体のユーザスループットを向上することができます．モバイルトラヒックの点で見ると，トラヒックの高いエリアにピコ基地局をアドオンすることでマクロセル内のトラヒックをピコ基地局にオフロードすることができます．ネットワークの進化の点で見ると，新しい移動通信システムが導入されたときレガシーシステムと混在する状態になり，この混在は一種のHetNetといえます．例えば，5G NR NSA（New Radio Non-Stand Alone）は4Gマクロと5GピコセルによるHetNetの構成になっています．このように，HetNetでは独立の無線リソースを有する複数の基地局が混在するため，マクロ基地局とピコ基地局それぞれの無線リソースを有効活用する技術および両基地局の連携技術が重要になります．

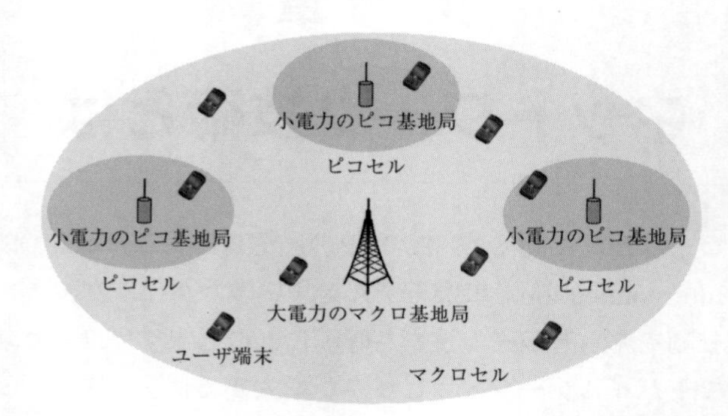

図9・1　マクロセルとピコセルから構成されるHetNet

マクロセル内に複数のピコセルが存在するHetNetでは，ピコセル間の干渉を防ぐため，ピコ基地局の送信電力はマクロ基地局に比べて小さく設定されます．また，マクロセルとピコセルの無線周波数帯が同じ場合は，さらにマクロセルとピコセル間の干渉も加わります．このように，マクロ基地局の送信電力はピコ基地局のそれより大きいため，ユーザ端末はピコ基地局に接続されにくいといった問題があります．

9-1-1　ピコセル拡張技術

物理的にピコセルサイズを決める方法は2種類あります．一つはピコ基地局の送信電力，アンテナチルト角などの無線設備のパラメータによりピコセルサイズを決める方法です．もう一つは，マクロセルとピコセルのセル選択を行う際に，ピコ基地局からの下り参照信号電力（Reference Signal Received Power；RSRP）に正のオフセット値（Cell Selection Offset；CSO）を加えることで仮想的にピコセルサイズを拡大する方法です．後者は，ピコ基地局への接続を促すピコセル拡張（Cell Range Expansion；CRE）技術と呼ばれています．

ユーザ端末の接続先を決めるセル選択では，マクロ基地局からの下り参照信号電力$RSRP_{macro}$とピコ基地局からの下り参照信号電力$RSRP_{pico}$とを比較し，大きい方の基地局に接続されます．RSRPに代わり参照信号の受信SINRを用いる場合もあります．ピコセルにCREを適用した場合，$RSRP_{macro}$と$RSRP_{pico}+CSO$との比較によりセル選択が行われます．その様子を**図9・2**に示します．このように，ピコセルにCREを適用することによって見かけ上のピコセルサイズを大きくすることができます.

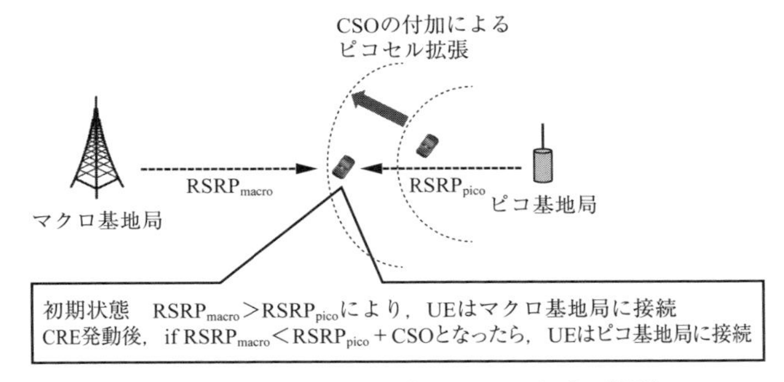

図9・2　CSOによるピコセルサイズの拡張

CRE適用時のセル選択手順を**図9・3**に示します．最初にユーザ端末はマクロ基地局と通信していたとします．ユーザ端末は常時マクロ基地局およびピコ基地局からの下り参照信号を受信しており，それらの受信電力であるRSRP_{macro}とRSRP_{pico}の結果をマクロ基地局に報告します．CREが発動されて，$\mathrm{RSRP}_{macro} < \mathrm{RSRP}_{pico} + \mathrm{CSO}$となった場合には，そのユーザ端末はピコ基地局にハンドオーバされます．

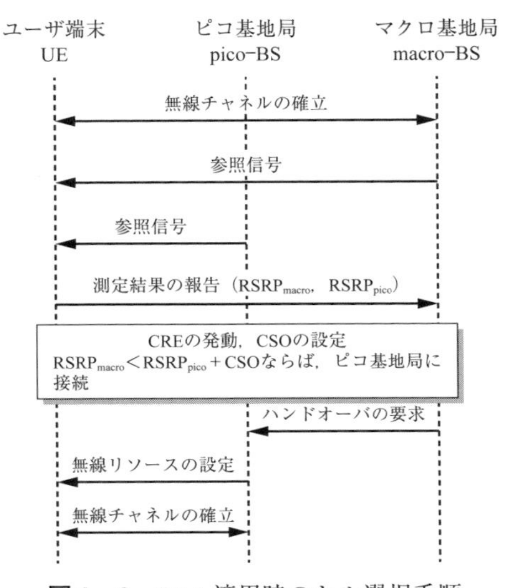

図9・3　CRE適用時のセル選択手順

しかしながら，この CRE の適用は見かけ上の受信電力を用いてセル選択を行うため，CRE によってピコ基地局に接続された一部のユーザ端末の受信 SINR は小さく（悪く）なります．また，マクロとピコ基地局の周波数帯が同じならば，マクロ基地局から非常に大きい下り回線の干渉を受けます．このように，ピコ基地局の無線リソースの有効利用とそれに伴う受信 SINR の劣化はトレードオフの関係になります．

9-1-2　マクロとピコセル間の干渉制御

マクロとピコセルで同一の無線周波帯を用いる場合，マクロとピコセル間で同一チャネル干渉が生じます．この同一チャネル干渉の問題を解決する一つの方法として，セル間干渉制御（enhanced Inter−Cell Interference Coordination；eICIC）技術があります．この eICIC はピコセル拡張を効率良く実現するために CRE と併用して用いられる場合が多いです．すなわちピコセルを優先する干渉制御技術です．eICIC の動作原理を**図 9・4** に示します．サブフレームを基本単位として，灰色のサブフレームは通常の送信サブフレームで送信データを含み，白色のサブフレームは ABS（Almost Blank Subframe）と呼ばれ，送信データを含まない制御用の信号のみで構成されたサブフレームです．この ABS はマクロ基地局からの送信に適用され，ミュート状態で電波が送信されます．この時刻では，マクロ基地局から強い下り回線の干渉を受ける場所に存在しピコ基地局と通信しているユー

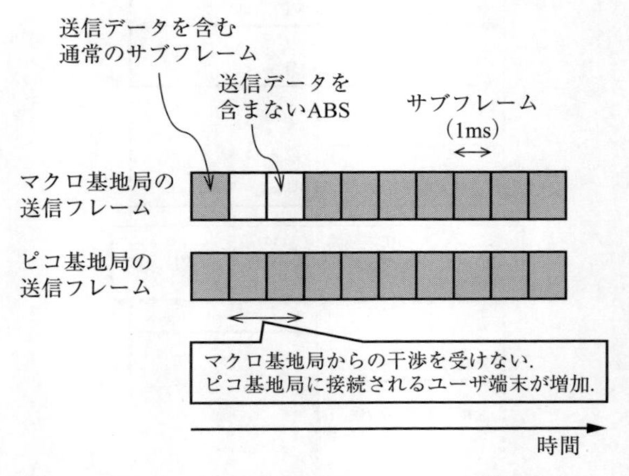

図 9・4　HetNet における eICIC の動作原理

ザ端末はその干渉を受けないで通信できるため，下り回線のスループットが改善されます．あるいは，ピコセルと接続できなかったユーザ端末はCREによりピコ基地局に接続できるようになります．なお，HetNetにeICICを適用する場合は，マクロとピコ基地局は時間的に同期させサブフレームを時間的に揃える必要があります．またeICICの欠点は，ピコセルを優先するためマクロセル側のユーザスループットは低下します．

9-1-3 キャリアアグリゲーション

キャリアアグリゲーション（Carrier Aggregation；CA）はデータ通信の高速化にとって極めて有効な技術です．基地局が複数の周波数帯を利用できる場合，それらの周波数帯の同時利用によりCAを実現できます．**図9・5**は，五つのキャリアコンポーネント（Carrier Component；CC）によるCAの例で，五つの異なるデータ（図ではIPパケット）を五つのCC（CC1～CC5）を用いて並列伝送します．なお，CAのことをWi-Fiではチャネルボンディングと呼びます．

伝送速度を向上するという目的はCAとMIMO空間多重とで同じですが，一つの周波数を用いて並列伝送するMIMO空間多重と複数の異なる周波数を用いるCAとでは構成技術が異なります．HetNetでは，マクロセルからピコセルへのトラヒックオフロードに加えて，マクロセルとピコセルの同時利用によるCAの実現を可能にします．このタイプのCAをデュアルコネクティビティ（Dual Connectivity；DC）と呼びます．**図9・6**は4Gと5Gの両方の基地局を利用してデータの並列伝送を実現する例です．さらに，**図9・7**に示すようにCAとDCの複合により高速化を実現する方法もあります．

図9・5 キャリアアグリゲーション

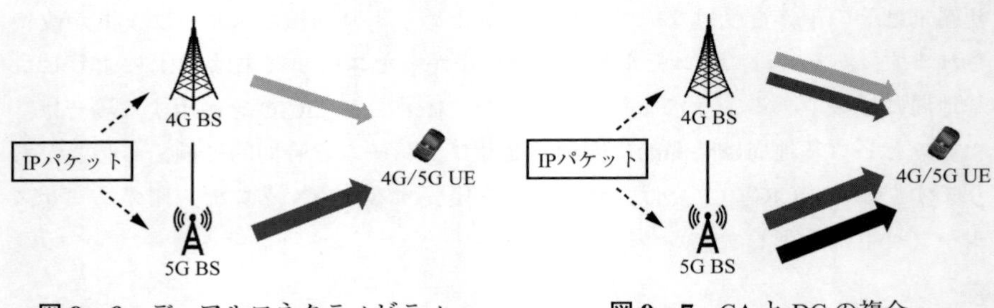

図9・6　デュアルコネクティビティ　　**図9・7**　CAとDCの複合

コラム8　シャノンの定理

クロード・E・シャノン（Claude Elwood Shannon）氏は1948年に「通信の数学的理論」を発表し「情報理論の父」と呼ばれています．9章で「容量」という言葉が出てきましたが，シャノン氏は「通信路の容量」を次のように説明しています.「各記号がsビットの情報を有しており，通信路が1秒間にn記号を伝送できるとすると，通信容量はnsビット毎秒となる」．概念的な表現ですが，わかりやすい表現です．

通信路の帯域幅がW，信号対雑音電力の比がSNRのとき，その伝送路の通信容量には限界があるという考え方を「シャノンの定理」，「シャノンの通信容量定理」，または「通信容量のシャノンリミット」と呼びます．この定理は次式で定義されています．

$$C = W \cdot \log_2(1 + \mathrm{SNR}) \qquad (9 \cdot 1)$$

通信容量Cの単位はbpsです．記号の数が1とすると，Cはその通信路の最大伝送速度を表すことになります．このように，帯域幅Wを増やすことは容量を増やすと同時に伝送速度の向上につながることになり，HetNet，キャリアアグリゲーション，およびデュアルコネクティビティはシャノンの定理に基づいているといえます．

コラム9　SLSを用いたHetNetの特性評価

HetNetの特性評価においてユーザスループットが重要な指標となります．ユーザスループットは複数のマクロ，ピコ基地局と多数のユーザ端末を配置したHetNet環境下で大規模なシステムレベルシミュレーション（System-Level Simulation；SLS）を用いて求めます．**図9・8**はSLSのフローチャートの一例です．

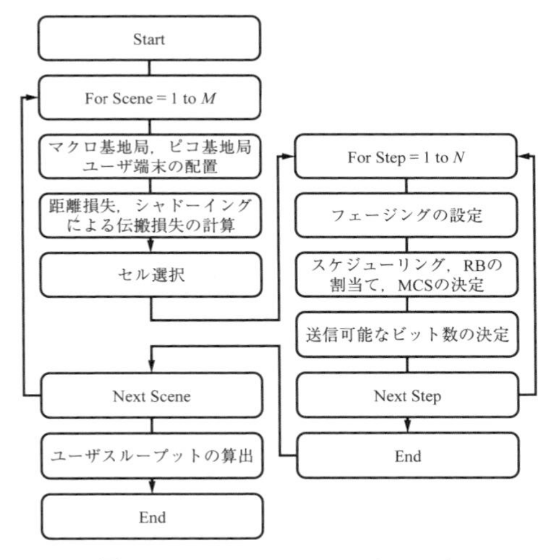

図9・8　SLSのフローチャート

大別するとシーン（Scene）処理とステップ（Step）処理に分かれます．シーン処理ではマクロ基地局，ピコ基地局，ユーザ端末の配置，およびセル選択の処理を行います．例えば，3セクタ構成のマクロセルを19，それぞれのマクロセクタに四つのピコ基地局を配置します．また，距離減衰，シャドーイングによる無線区間の伝搬損失を計算し，それをもとにすべてのユーザ端末のセル選択を実行します．このシーン処理をM回繰り返します．この一つのシーンの中で，ある時間単位でユーザ端末へのRBの割当てを行い，それに基づく送信可能なビット数を決定します．また，時間単位ごとに，各ユーザ端末の受信SINRを求めその結果からMCS indexを決定します．これらを用いて，1ステップごとにすべてのユーザ端末のユーザスループットを求めます．このステップ処理をN回繰り返します．**図9・9**は，ある一つのシーンにおけるマクロ基地局，ピコ基地局，およびユーザ端末の配置を可視化した例です．1710台のユーザ端末が配置されています．

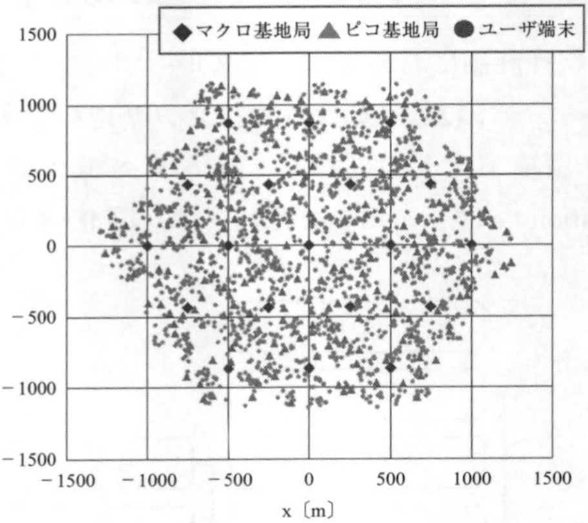

◆マクロ基地局 ▲ピコ基地局 ●ユーザ端末

図9・9　SLSにおけるシーンの可視化

表9・1に示したHetNetの条件で，$M=50$，$N=1000$としてSLSを実行したユーザスループットの結果を**図9・10**に示します．平均ユーザスループットはすべてのユーザ端末のスループットの平均値で，下位5％ユーザスループットはスループットの小さい方から数えて5番目のユーザ端末のスループットです．マクロ基地局のみのネットワークに比べて，HetNetは40倍以上の平均ユーザスループットを実現できることがわかります．

表9・1　SLSに用いた諸元

項　目	マクロ基地局	ピコ基地局
セル構成	19マクロセル， 3セクタ／マクロセル	4ピコ基地局／マクロセクタ
無線周波数	2 GHz	4.5 GHz
信号帯域幅	10 MHz	100 MHz
セル半径（ISD）	289 m（500 m）	―
送信アンテナ高	32 m	10 m
送信電力	46 dBm	可変
送信アンテナ利得	14 dBi	5 dBi
アンテナダウンチルト角	15 deg.	0 deg.
UE数，配置（分布）	30 UEs／マクロセクタ，2/3クラスタ分布	
トラヒックモデル	フルバッファ	
適応変調符号化	25 MCS Index，QPSK～256-QAM	

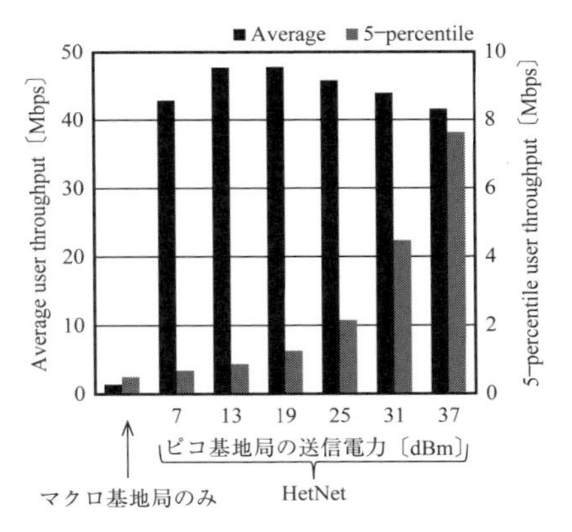

図 9・10 HetNet によるユーザスループットの改善効果

コラム 10 パーソナルピコセルを指向する適応制御型 CRE

従来の CRE ではピコセルサイズがすべてのユーザに対して一義的でしたが，$RSRP_{macro}$ の CDF 特性，あるいはピコ基地局への端末接続比率をもとに，個々のユーザ端末のピコセルサイズが異なるパーソナルエリアを形成する適応制御型 CRE が提案されています．究極的には，ユーザ端末それぞれに対して最適な CSO を設定する方法です．ユーザ端末数が多いとそれぞれのユーザ端末に個別の CSO を設定することは現実的ではないので，例えば 2 種類の CSO（CSO_{high} と CSO_{low}：$CSO_{high} > CSO_{low}$）を用意し，ある閾値をもとにユーザ端末に 2 種類の CSO のどちらかを設定します．

$RSRP_{macro}$ の CDF 特性から CSO を設定する場合は，次式により CSO_{high} と CSO_{low} を決定します．

$$CSO = \begin{cases} CSO_{high}\ ;\ \text{if } RSRP_{macro} < RSRP_{th} \\ CSO_{low}\ ;\ \text{if } RSRP_{macro} > RSRP_{th} \end{cases} \quad (9 \cdot 2)$$

この様子を**図 9・11** に示します．α は上式で決まる CSO を 2 分するユーザ端末数の割合を示します．パラメータ α を先に決める方法もあります．この $RSRP_{macro}$ の CDF 特性に基づいた適応制御型 CRE の基本フローチャートを**図 9・12** に示します．CRE 適用前にマクロ基地局と通信していたユーザ端末が CRE によって接続先がピコ基地局に切り替わるハンドオーバ手順を**図 9・**

13 に示します．

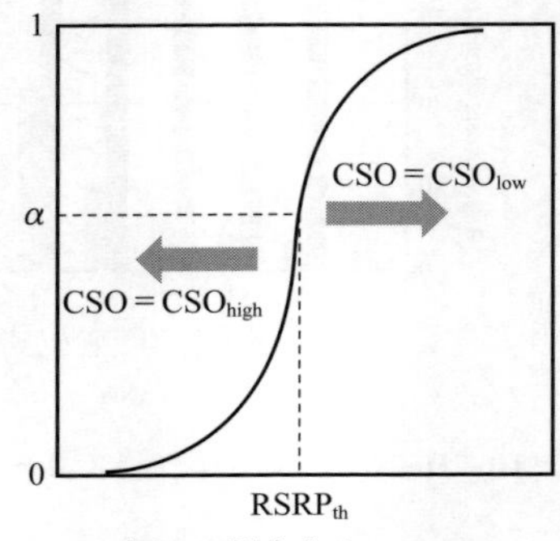

図 9・11　RSRP$_{macro}$ の CDF 特性に基づいた適応制御型 CRE

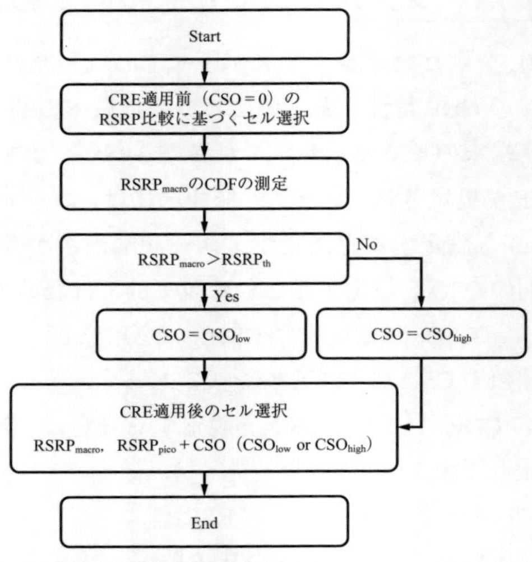

図 9・12　適応制御型 CRE のフローチャート

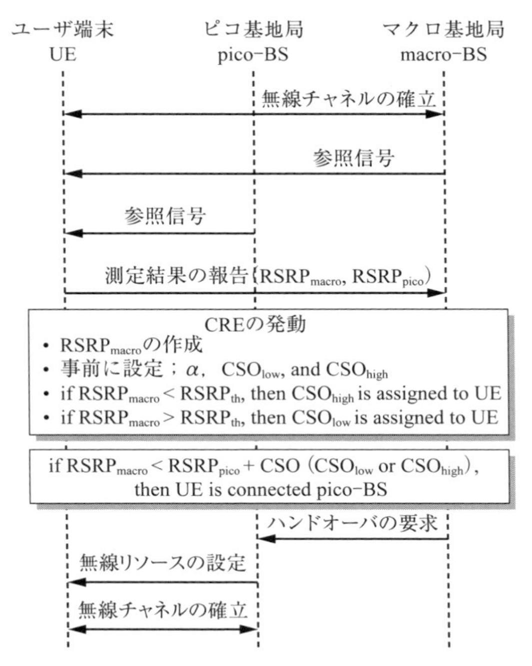

図 9・13　適応制御型 CRE によるハンドオーバ手順

マクロセクタ i のピコ基地局への端末接続比率 R_i から CSO を設定する場合は，次式により $\mathrm{CSO_{high}}$ と $\mathrm{CSO_{low}}$ を決定します．

$$\mathrm{CSO} = \begin{cases} \mathrm{CSO_{high}} \;;\; \text{if } R_i < \gamma \\ \mathrm{CSO_{low}} \;;\; \text{if } R_i > \gamma \end{cases} \tag{9・3}$$

R_i が閾値 γ を超えた場合にはそのマクロセクタ内のユーザ端末に $\mathrm{CSO_{low}}$ を設定しピコセルの拡張を抑制します．一方，R_i が閾値 γ より小さい場合はそのマクロセクタ内のユーザ端末に $\mathrm{CSO_{high}}$ を設定し大きなピコセルを形成します．

9-2　リレー通信

ユーザ端末が基地局から遠く離れたセル端にいる状況では受信電力が小さくなり通信品質が劣化します．あるいは圏外になります．このような状況に対しては基地局とユーザ端末間にリレーノード（Relay Node；RN）を設置し無線信号を中継するリレー通信があります．**図9・14**にRNを含むネットワーク構成を示します．下り回線においては，基地局からあるユーザ端末宛の電波をRNが受信し，その電波に処理を施したのちそのユーザ端末に再送信します．この場合，基地局とRN間をバックホールリンク，RNとユーザ端末間をアクセスリンクと呼びます．

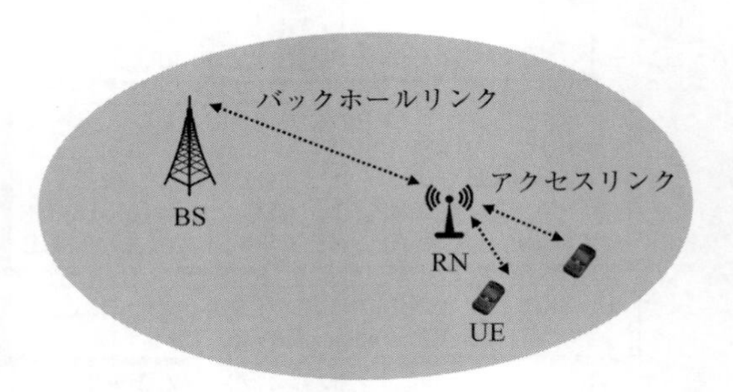

図9・14　リレー通信

バックホールとアクセスリンクは，RNの送受信機間での干渉を避けるために時間あるいは周波数領域で分離する必要があります．バックホールとアクセスリンクの両方に同一の周波数を用い，それらのリンクを時間で分離する方法をインバンドリレーと呼びます．一方，バックホールとアクセスリンクで同時の送受信を許容し，それらのリンクを周波数で分離する方式をアウトバンドリレーと呼びます．これらの様子を**図9・15**に示します．RNにおける電波の処理方法は2種類あります．一つは再生中継でレイヤ3リレーとも呼ばれます．下り回線では基地局からの無線信号，ユーザデータを復調・再生し，次にその再生信号を符号化・変調することで再度無線信号を構築しユーザ端末に送信する中継技術です．もう一つは非再生中継でレイヤ1リレーあるいはRF（Radio Frequency）リピータとも呼ばれます．この非再生中継は，RNにて基地局からの無線信号を復調・再生せずに単に信号電力を増幅してユーザ端末に送信する中継技術です．したがって，信号電力に加えて干渉および雑音電力も増幅してしまうためユーザ端末での受信SINRの改善には至りません．また，**図9・16**に示すように，下り回線ではリピータ型RNは基地局からの無線信号を同時刻でユーザ端末に送信するため，アクセスリンクからバックホールリンクに自己干渉が発生します．よって，リピータ型RNには通信品質を満足するための干渉補償器が必要になります．

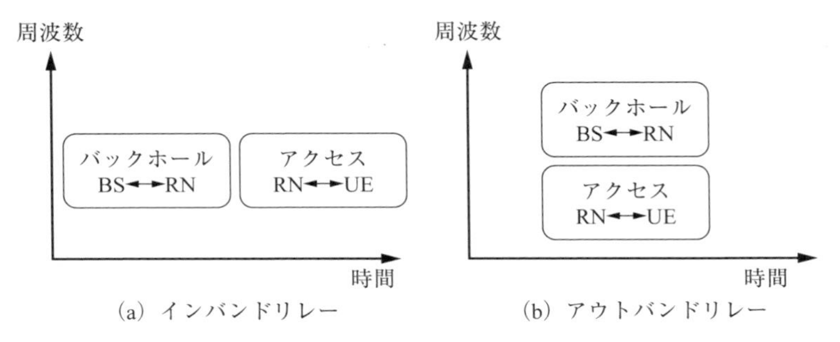

図 9・15 バックホールとアクセスリンクの分離

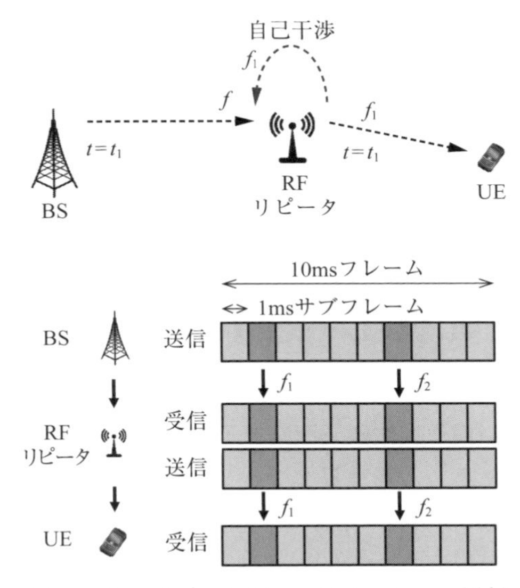

図 9・16 リピータ型 RN によるリレー通信

再生中継型 RN をインバンドリレーとして用いる場合，RN にて基地局からの無線信号に対してユーザ端末への送信信号のタイミングをずらして送信します．例えば，下り回線において，基地局からの受信時刻に対して RN はサブフレーム時間を一つ遅らせてユーザ端末に送信する例です．これによりアクセスリンクからバックホールリンクへの干渉はなくなります．なお，受信した時刻でのユーザ端末に対する RN の送信フレームに ABS（Almost Blank Subframe）を用いることもできます．この ABS はユーザデータを含まない制御信号だけから構成される信号で，実質 RN からユーザ端末にデータを送信しません．この様子を**図 9・17** に示します．あるいは，HetNet における eICIC と同様に RN を優先して基地局からの送信信号にABSを適用し，その時刻にRNからユーザ端末にデータ送信する方法もあります．

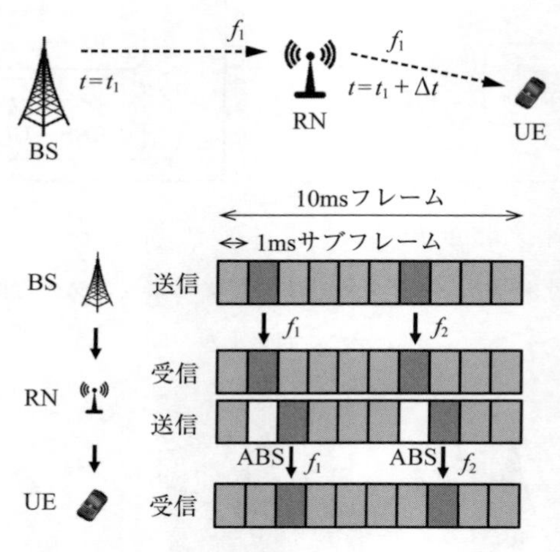

図9・17 再生中継型RNによるインバンドリレー

コラム11 光無線リレー通信

光無線リレー通信の構成図を**図9・18**に示します．この目的は，RNの設置性の向上および同一周波数・同一タイミングの中継伝送を可能にすることです．RNの構成は，対基地局アンテナ（RN_{BS}）と対ユーザ端末アンテナ（RN_{UE}）を地理的に分離し，それらを光ファイバで接続します．下り回線では，基地局からの電波をRN_{BS}で受信し，その信号を再生中継，あるいはRFリピータと同じように非再生中継し，その中継した信号を電波でユーザ端末に再送信します．再生中継型と非再生中継型のRNの構成を**図9・19**に示します．ここで，E/Oは電気・光変換器（Electric−to−Optic Converter），O/Eは光・電気変換器（Optic−to−Electric Converter）です．**図9・20**は光無線リレーの適用例を示しています．基地局から見通しの良いビルの屋上にRN_{BS}を，ビルの陰で電波の不感地帯になっている場所にRN_{UE}を設置し，それらの間を光ファイバで接続することにより効率よく不感地帯のサービス品質を向上できます．基地局がビームフォーミングを用いてRN_{BS}に電波を送信すれば，受信電波のSINRが良好でかつ安定したバックホールリンクを構築できるため非再生中継型RNの適用が容易になります．

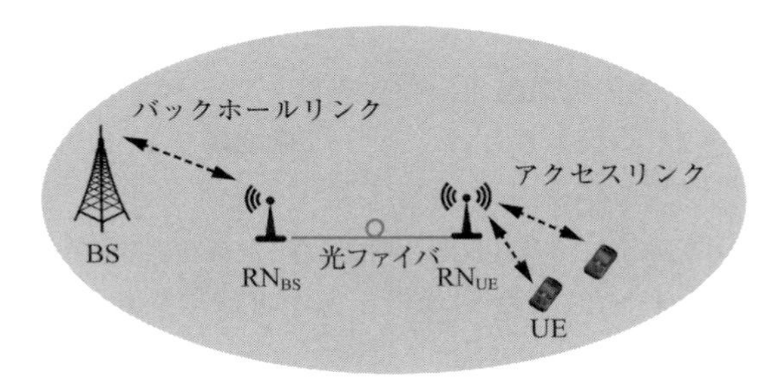

図 9・18　光無線リレー通信

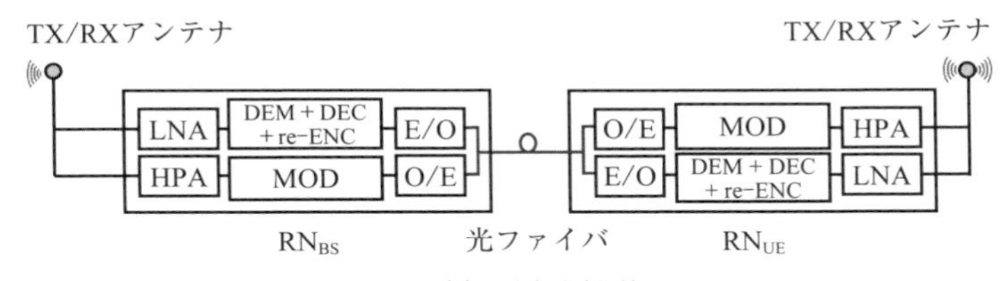

(a) 再生中継型

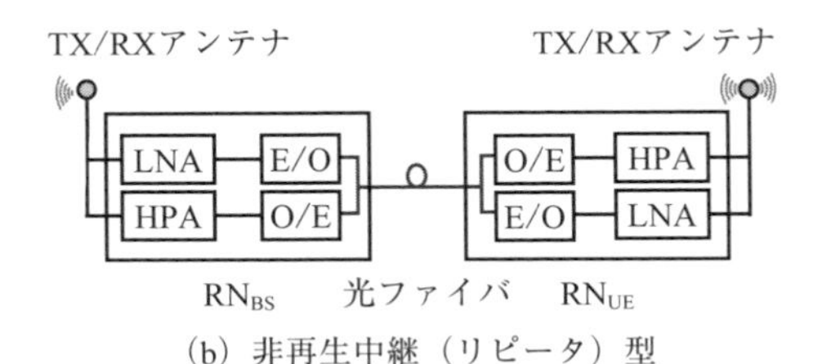

(b) 非再生中継（リピータ）型

図 9・19　光無線 RN の構成

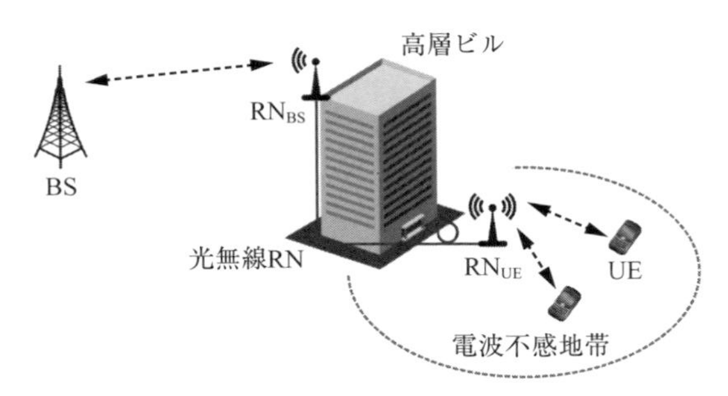

図 9・20　光無線リレーの適用例

バックホールとアクセスリンクで同一周波数を用いるインバンドリレーでは，光無線 RN の中継伝送する仕組みはリピータ型 RN のそれと同じになります．**図 9・21** に示すように，下り回線ではリピータ型 RN での送受信が RN_{BS} での受信と RN_{UE} からの送信に変わっているだけです．しかし，RN_{BS} と RN_{UE} を離れて設置すると自己干渉が低減され干渉補償器を必要とせずに同一周波数・同一タイミングの中継伝送が可能になります．**図 9・22** は，光ファイバ長 L に対する RN_{BS} の受信機で測定する主信号と自己干渉電力の比で定義した DUR（Desired to Undesired Signal Ratio）の関係を示す解析結果です．U には自己干渉に加えて他セル，他セクタからの干渉を含んでいます．$L<30$ m のとき DUR は自己干渉が支配的で，$L>30$ m になると DUR は他セル，他セクタ間干渉が支配的になることがわかります．DUR の要求値を 30 dB とすると，光ファイバ長（RN_{BS} と RN_{UE} 間の距離）を約 14 m 以上にすれば干渉補償器を必要とせず要求値を満足できることがわかります．

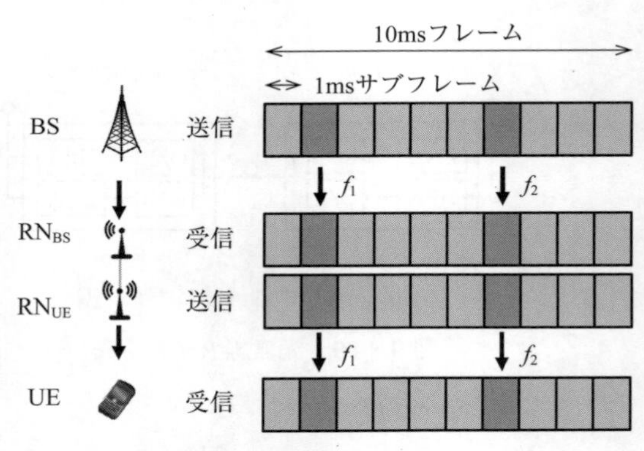

図 9・21　光無線 RN によるインバンドリレー

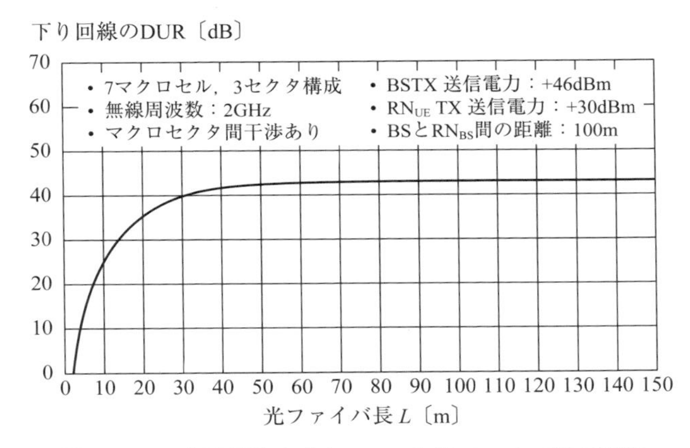

図 9・22　自己干渉を含む DUR と光ファイバ長の関係

9-3　基地局連携技術

移動通信では，ユーザ端末はあるセル内に存在していたとき最適なある一つの基地局と通信を行います．すなわち，接続先の基地局は一つです．しかし，HetNet のところで述べたように，デュアルコネクティビティ DC により一つのユーザ端末が複数の基地局と通信する場合もあります．現状では，DC を行う場合は HetNet が基本で，あるマクロセル内の異なる基地局と DC を行うことが基本となっています．

それに対して，ユーザ端末が異なるマクロセルを管理する複数の基地局と通信するネットワーク技術があります．セル間協調通信（Coordinated Multi−point Transmission and Reception；CoMP）あるいは基地局連携に基づく分散ネットワークと呼んでいます．このネットワーク技術の目的は，セルという概念をなくし，特に電波が届かないまたは隣のセルから大きな干渉を受ける「セル端」という場所をなくすことです．**図 9・23** はセルの概念をもとに一つのユーザ端末が複数の基地局と通信する様を示していますが，特に同じ周波数を用いて複数の基地局と通信できる場合は，もはや自分がいる場所は従来の意味でのセルではありません．これは先に述べた CA や DC と異なるネットワーク技術で，セル間干渉はなくなり周波数利用効率およびユーザスループットが向上することになります．技術的な課題は，基地局間での効率的なスケジューリング方法および基地局とネットワーク間のデータ共有です．将来の移動通信システムを実現するうえで，一つの重要な技術となっています．

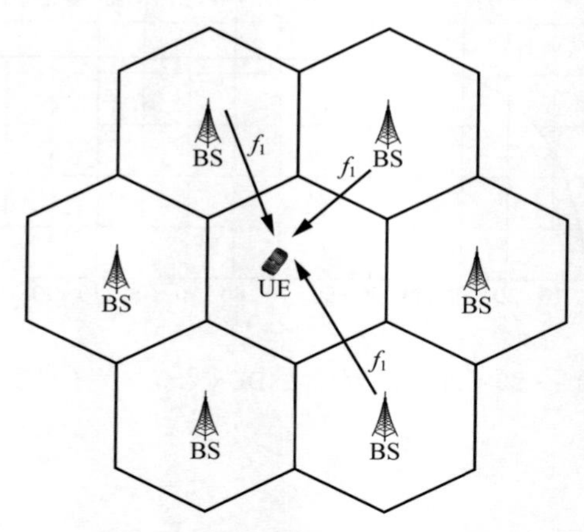

図9・23　分散ネットワーク

演習問題

1. 次の文章の空欄①～⑤を適切な字句で埋めよ．

　システム容量を増やす方法の一つとして，同じ基地局内に複数の無線設備を具備し，［①］アンテナを用いて大きなセルを［①］化する方法がある．別の方法として，セル半径の大きなマクロセル内にセル半径の小さいピコセルを重畳する［②］がある．［②］において，端末がマクロとピコのどちらに接続されるか（すなわちセル選択）は，それぞれの基地局からの制御信号の［③］を比較し，［③］が大きい方の基地局に接続される．また，［②］において，マクロとピコセルの同時利用による高速通信，すなわち［④］を実現できる．これは，マクロとピコセルの周波数帯を用いて異なるデータの［⑤］により伝送速度の高速化を図るものである．

2. キャリアアグリゲーションとデュアルコネクティビティのそれぞれの構成と差異について述べよ．
3. 基地局とユーザ端末間，およびRNとユーザ端末間のインタフェースはどうあるべきか考察せよ．
4. HetNetはシステム容量を増やすことができるが，リレー通信はそれができない．その理由を述べよ．
5. HetNetにおけるピコセル範囲拡張技術CREの利点と欠点を述べよ．
6. HetNetとシャノンの定理の関係性について考察せよ．

第10章 無線信号は光ファイバで伝送できるか

通信には，光ファイバを用いる光通信（有線）と，電波を用いる移動通信（無線）があります．光ファイバ通信を用いた幹線系では，伝送速度の単位がテラビット，ペタビットに達しており，移動通信システムのバックボーンにも使われています．ではユーザに近いアクセス系に光と無線の融合は可能でしょうか．この章では，光通信の基本と無線信号をそのまま光ファイバ上で伝送する基本的な構成について説明します．

10-1　光ファイバ通信の基本

光ファイバ通信は，送信側で電気信号を光信号に変換する「光送信器」，光信号を分配する「光スプリッタ」，「経路切替え・中継装置」，受信側で光信号を電気信号に変換する「光受信器」，およびそれらを結ぶ「光ファイバ」などで成り立っています．5章で紹介したように移動通信システムの基地局間にも光ファイバが用いられています．無線通信に用いる搬送波の単位は波長より周波数を使う場合が多いですが，光ファイバ通信の分野では波長を使います．光ファイバ通信で用いる光波長は，光ファイバの波長分散が最小になる1.3 μm，または1.55 μm帯の波長が一般的です．光ファイバは石英ガラスで作られており，シングルモードとマルチモードの2種類があります．シングルモード光ファイバ（Single-Mode Optical Fiber；SM）はコア径が数μmと細く，光が単一モードで伝送されるタイプで伝送損失などが小さく長距離伝送に適合します．一方，マルチモードファイバ（Multi-Mode Optical Fiber；MM）はコア径が約50 μmと太く，光が多くのモードに分散して伝送されるタイプで伝送損失がSMより大きく中・短距離伝送向けです．光ファイバ内に複数の伝搬モードが存在するという点ではMMによる通信環境は反射波が存在する無線通信に近いといえます．通信に用いられる発光素子

（光源）には半導体で作成されたレーザダイオード（Laser Diode；LD）が使われます．LDの中でも，FP–LD（Fabri–Perot LD），DFB–LD（Distributed Feedback LD）が実用的です．特に，長距離・大容量通信には，一つの波長のみ発光しスペクトル幅が狭いDFB–LDが使われます．

光信号から電気信号を取り出す受光素子には半導体フォトダイオード（Photodiode；PD）が使われます．PDの中でも，PIN型PD，受光感度を高めたAPD（Avalanche photodiode）が実用的です．

光ファイバ通信において通信容量を増やす技術として，1本の光ファイバ上で波長の異なる光信号を多重する波長分割多重WDMがあります．n 波長用いたWDMの構成を**図10・1**に示します．これは6章の多重化のところで紹介しました．

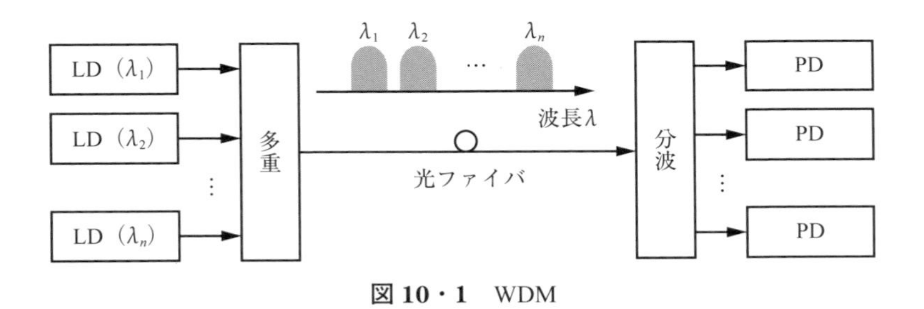

図10・1　WDM

また，1本の光ファイバ上で波長の異なる光信号を用いて双方向通信もできます．2波長の利用による双方向通信の構成を**図10・2**に示します．これは7章で述べた双方向通信と同じ考え方です．

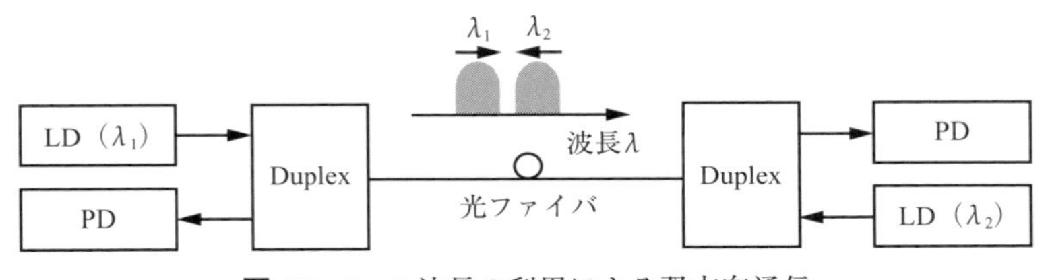

図10・2　2波長の利用による双方向通信

このように信号の多重化，複信方式を構成する技術は光通信と移動通信は共通です．移動通信などの無線通信に比べて光ファイバ通信の最大の特徴は信号の減衰量が極めて小さいことです．1 km当たり約0.2〜0.3 dBです．しかし，長距離幹線系のネットワークを構築する場合，距離減衰や分岐点の損失も増えるため伝送路の「途中の区間」で光信号を増幅する必要があります．光信号のまま増幅する光ファイバ増幅器があります．例えば，希土類添加ファイバ増幅器（Erbium-Doped Fiber Amplifier；EDFA）は，光ファイバのコアに希土類元素イオンを添加した光ファイバに励起光を入射することで信号光を増幅する仕組みです．距離減衰を伝送路の「途中の区間」で補う技術という点では，9章で述べた基地局とユーザ端末間にRNを配置するリレー通信と同じ考え方といえます．

10-2　無線信号の光ファイバ伝送

光通信で最もシンプルな変調方式に光強度変調（Intensity Modulation；IM）があります．これは，LDへの印加電流を電気信号の大きさに比例して変化させそれに応じて光の強度を変化させる変調方式です．**図10・3**に示すように，1と0のディジタルデータが入力されると光出力はオンとオフになります．一方，アナログ電気信号が入力されると光出力は電気信号の入力電流の大きさに比例する形で変化します．この入力電流と光出力の傾きは変調利得と呼ばれます．IMは無線通信のASKの一つであるOOKと同じ変調の原理です．

無線信号を光ファイバ上で伝送することは，無線信号で直接LDを強度変調し受信側のPDでその無線信号を直接検波（Direct Detection；DD）することを意味しています．これを光ファイバ無線，英語でRadio on Fiberと呼び，略称でRoFと呼びます．また，光のメインキャリアに対してこの無線信号はサブキャリアであるためRoFを光サブキャリア伝送と呼ぶこともあります．**図10・4**はIM/DDによるRoF伝送の概略図です．このようにRoFにより無線信号は光ファイバ上で伝送することができます．

なお，光の強度変調IMには直接変調方式と外部変調方式の2種類があります．直接変調は電気信号で直接LDを変調します．一方，外部変調方式はLDの光出力を光変調器により電気信号で変調します．光通信の分野では，高速で変調した場合に光の波長が変動する現象をチャーピングと呼び，直接変調ではこのチャーピングの影響が大きいため，高速通信では外部変調方式を用います．

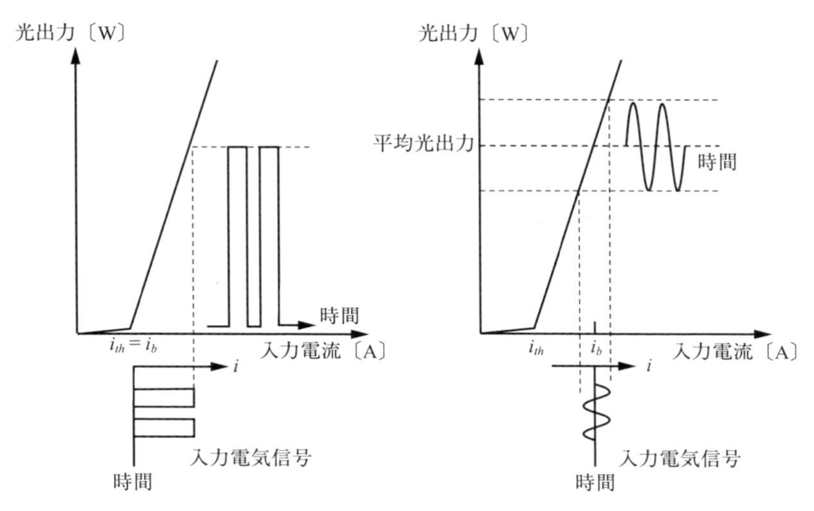

図 10・3　光強度変調

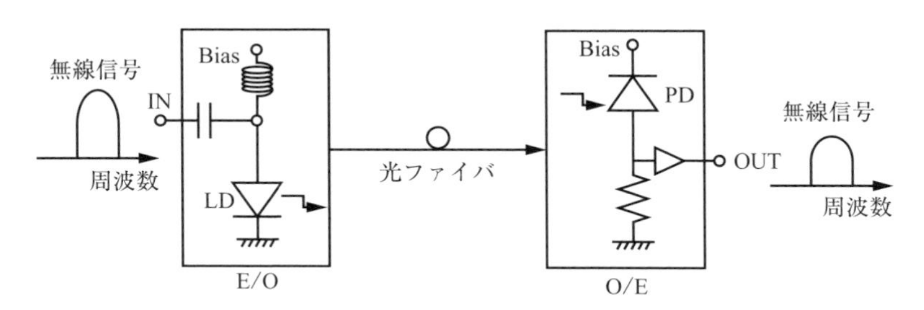

図 10・4　IM/DD による無線信号の伝送（RoF）

例えば，基地局の送受信機は屋内に，送受信アンテナは屋外に設置し，それらの間を光ファイバで接続する RoF 構成が考えられます．このようにアンテナへの給電線に RoF を適用する場合，従来の同軸ケーブル接続に比べて軽量，低損失になるという利点があります．さらには，その考え方を拡張し，基地局に送受信機，制御装置を集中的に配置し（ここでは基地局を Central Unit；CU と呼ぶことにします），その CU から地理的に異なる位置に複数のリモートアンテナ（Remote Unit；RU）を配置し，それらの間を光ファイバで RoF 接続する構成も考えられます．その構成図を**図 10・5** に示します．アンテナ，E/O および O/E のみを RU に分担配置するため小型で軽量な RU を実現することができ設置場所の柔軟性が向上します．また，CUは管理するすべてのRUを集中制御できるため各RUに対してセルごとのトラヒックの時間変動に対して柔軟に無線リソースを割り当てることができます．さらには，9章9–3節で述べた基地局連携も容易になります．

CUとRUの装置間インタフェースは，中間周波数または無線周波数帯の信号を伝送するRoFと，ベースバンド帯のディジタル信号を伝送するCPRI（Common Public Radio Interface）などがあります．その様子を**図10・6**に示します．CPRIでは，光ファイバ伝送区間の信号に対する雑音，歪み特性が緩和されるのでRoFに比べてシステム設計が容易になるという利点があります．ただし，RUへの機能分担が大きくなり装置規模が大きくなります．RoFはRUへの機能分担が少なくなる反面，光ファイバ伝送区間への雑音，歪み特性の要求値が厳しくなります．

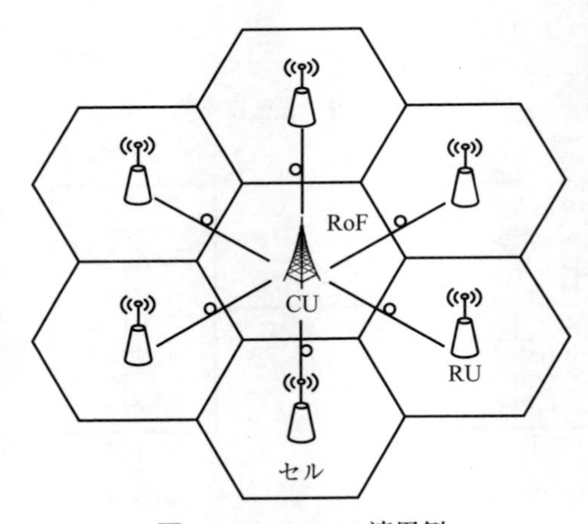

図10・5　RoFの適用例

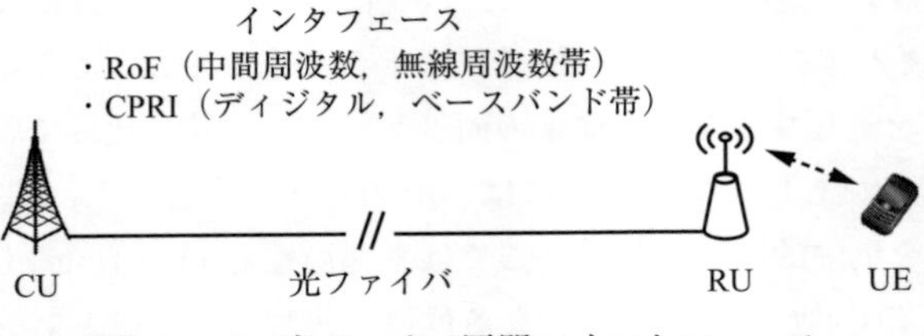

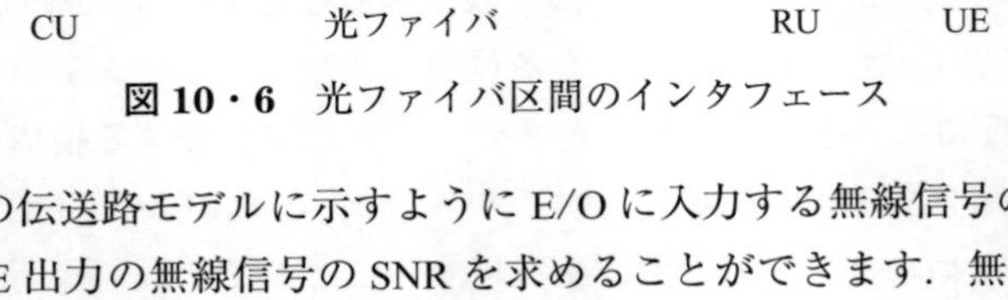

図10・6　光ファイバ区間のインタフェース

図10・7の伝送路モデルに示すようにE/Oに入力する無線信号の平均電力P_{in}に対するO/E出力の無線信号のSNRを求めることができます．無線信号の帯域

幅をΔfとすると，O/E 出力の SNR は次式から求めることができます．

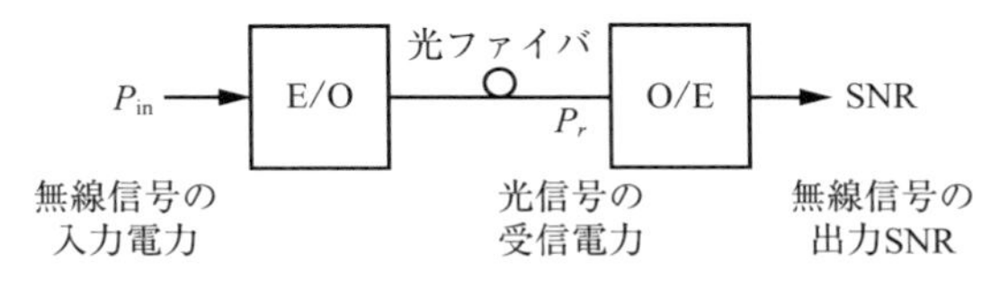

図 10・7 SNR を算出する伝送路モデル

$$\mathrm{SNR}=\frac{\frac{1}{2}m_{opt}{}^{2}(P_r\beta)^2}{\{\mathrm{RIN}(P_r\beta)^2+2e\,P_r\,\beta+I_{\mathrm{thermal}}{}^{2}\}\Delta f} \qquad (10\cdot1)$$

ここで，RIN（Relative Intensity Noise）は LD の相対強度雑音，P_r は平均受光電力，β は PD の変換効率，e は電荷量，I_{thermal} は O/E 内で発生する等価雑音電流です．

また，m_{opt} は光変調度で，次式で与えられます．

$$m_{opt}=\frac{\sqrt{\dfrac{2P_{in}}{R}}}{I_b-I_{th}} \qquad (10\cdot2)$$

ここで，R は LD の入力インピーダンス，I_b は LD のバイアス電流，I_{th} は LD の閾値電流です．

このように，O/E 出力の SNR は無線信号の平均入力電力，光の受光電力に大きく依存します．**図 10・8** に P_{in} に対する SNR の計算例を示します．RIN＝－140 dB/Hz の DFB-LD を用いた場合には，P_{in}＝－10 dBm にすると SNR は約 35 dB になることがわかります．

移動通信の上り回線に RoF を適用する場合は，E/O に入力される無線信号は大きく変動するので，雑音と歪みの両方を考慮して無線システムを設計しなければなりません．E/O への入力電力が大きすぎると LD の非線形性が顕著になり，E/O への入力電力が小さすぎると O/E 出力の SNR が小さくなり信号の誤る確率が増えます．上り回線に RoF を用いた受信機の構成を**図 10・9** に示します．この場合，1-4 節で述べたアンテナ入力に換算した雑音電力は次式の雑音指数 NF をもとに計算します．

$$\mathrm{NF}=\mathrm{NF}_{LNA}+\frac{\mathrm{NF}_{opt}-1}{G_{LNA}} \qquad (10\cdot3)$$

ここで，G_{LNA} と NF_{LNA} はそれぞれ初段の低雑音増幅器（Low Noise Amplifier；

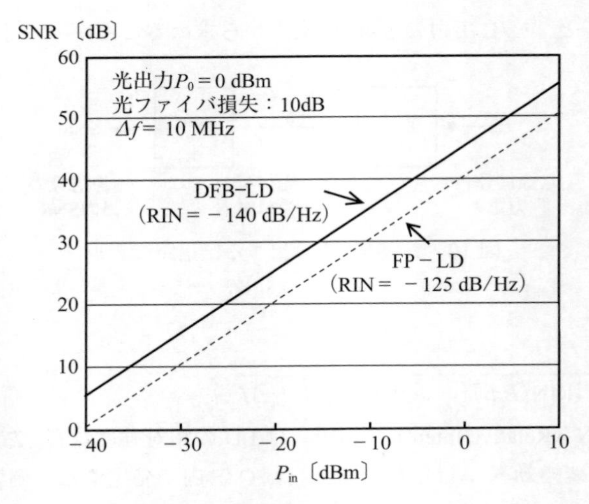

図10・8　O/E出力のSNR

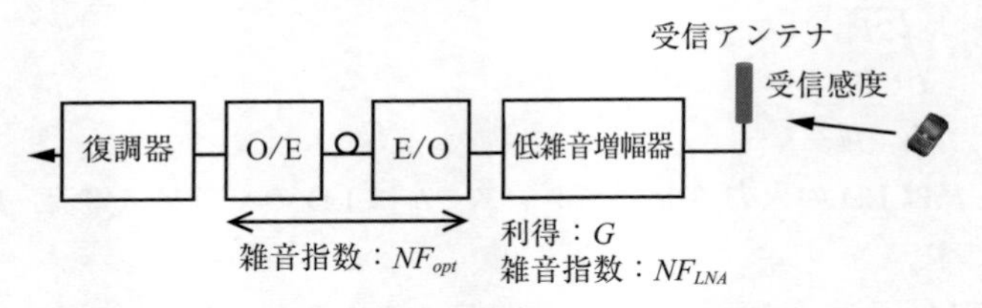

図10・9　RoF受信機の設計例

LNA）の利得と雑音指数を表します．また，NF_{opt}は光伝送区間の雑音指数です．例えば，受信アンテナ入力での受信感度（ある受信特性を満足するために必要な最低受信電力）が規定された場合，その信号受信電力と熱雑音レベルにこのNFを加算した雑音電力との差から所要SNRを求めます．このように，ある受信感度を満足するためにはLNAの特性が一定とするとNF_{opt}はできるだけ小さくする必要があります．**図10・10**は解析結果の一例です．光ファイバ損失が増えるに従って無線信号の受信感度が劣化することがわかります．光ファイバ損失が一定の場合は，G_{LNA}を大きくすることで受信感度を改善できることがわかります．

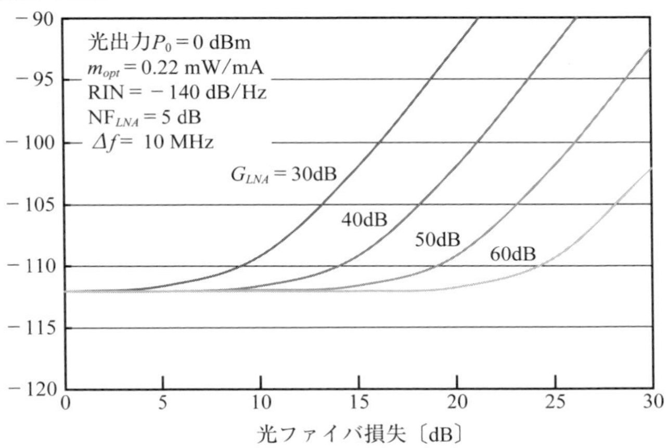

図 10・10　光ファイバ損失と無線信号の受信感度の関係

演習問題

1. 光ファイバ通信における伝送速度の高速化技術について述べよ．
2. OFDMを用いた無線信号で直接LDを強度変調するRoFの利点と欠点（難しさ）について述べよ．
3. 式(10･1)からO/E出力のSNRを大きくする方法を述べよ．
4. 受信感度を良くするためにはRoF区間の特性をどうすべきか考察せよ．
5. マルチコアファイバを用いて光信号の伝播路を空間的に多重化する空間分割多重技術と，無線通信におけるMIMO空間多重は同じ考え方に基づいている．それらの関係性について考察せよ．

参考文献

【変復調全般について】

1. 桑原守二 監修：「ディジタルマイクロ波通信」，企画センター（1984）
2. 斎藤洋一 著：「ディジタル無線通信の変復調」，電子情報通信学会（1996）
3. 大友功・小園茂・熊沢弘之 共著：「ワイヤレス通信工学（改訂版）」，コロナ社（2002）
4. 初田健・小園茂・鈴木博 共著：「無線・衛星・移動体通信」，丸善（2001）
5. 伊丹誠 著：「わかりやすい OFDM 技術」，オーム社（2005）
6. 服部武・藤岡雅宣・諸橋知雄 監訳：「4G LTE/LTE−Advanced のすべて（上巻）」，丸善（2015）
7. 電業工作 D² ラボ：https://www.den−gyo.com/labo/kouza/radio_top.html
8. tutorialspoint：https://www.tutorialspoint.com/

【移動通信全般について】

1. 中嶋信生・有田武美 著：「携帯電話はなぜつながるのか」，日経 BP（2007）
2. 電子情報通信学会 編，中川正雄・大槻知明 共著：「モバイルコミュニケーション（電子情報通信学会レクチャーシリーズ D−5）」，コロナ社（2009）
3. 服部武・藤岡雅宣・諸橋知雄 監訳：「4G LTE/LTE−Advanced のすべて（上巻）」，丸善，（2015）
4. H. K. Bizaki: Towards 5G Wireless Networks − A Physical Layer Perspective, IntechOpen: https://www.intechopen.com/books/5480（2016）

【数学基礎，無線資格関連問題全般について】

1. はちさんの通信系資格ブログ：https://telecomshikaku.com/
2. 無線工学の基礎：http://www.gxk.jp/elec/musen/1ama/index.html
3. 第一級陸上無線技術士への裏技：https://rikugi.com/
4. 高校数学の美しい物語：https://manabitimes.jp/math

【情報理論全般について】

1. 植松友彦 訳：「通信の数学的理論」，ちくま学芸文庫（2009）
2. 東邦大学メディアセンター：情報通信理論：https://www.mnc.toho-u.ac.jp/v-lab/yobology/index.htm
3. DSPLOG：http://www.dsplog.com/2008/10/16/alamouti-stbc/

【電磁気学，アンテナ，電波伝搬全般について】

1. 三輪進 著：「電波の基礎と応用」，東京電機大学出版局（2000）
2. 松田豊稔・宮田克正・南部幸久 共著：「電波工学」，コロナ社（2008）
3. 「今さら聞けない電波伝搬の ABC」，RF ワールド No. 9，CQ 出版（2010）
4. 永野裕之 著：「やりなおし高校物理」，筑摩書房（2019）
5. 「法則の事典：52 の科学の法則をやさしく解説（ニュートンムック．理系脳をきたえる！　Newton ライト 2.0）」，ニュートンプレス（2021）
6. EMAN の物理学：https://eman-physics.net/
7. 3GPP 資料，TR 38.901 Release 14：“Study on channel model for frequencies from 0.5 to 100 GHz,” Oct. 2017.
8. 唐沢好男：ワイヤレス情報伝送の物理限界を探る，http://www.radio3.ee.uec.ac.jp/tokubetukoen.pdf

【ヘテロジーニアスネットワークについて】

1. K. Kikuchi and H. Otsuka: “Proposal of adaptive control CRE in heterogeneous networks,” in Proc. PIMRC, NET 7, pp. 910-914, Sept. 2012.
2. 岸山，内野，永田，森本，Y. Xiang：“LTE/LTE-Advanced 高度化におけるヘテロジーニアスネットワーク容量拡大技術：” NTT DOCOMO テクニカルジャーナル，vol. 21，no. 2，pp. 10-17，2013.
3. 服部武・藤岡雅宣・諸橋知雄 監訳：「4G LTE/LTE-Advanced のすべて（上巻）」，丸善（2015）
4. 大塚：“ヘテロジーニアスネットワーク”，電子情報通信学会通信ソサエティマガジン IEICE B-plus，冬号，no. 55，pp. 239-245，2020.

【リレー通信について】

1. 服部武・藤岡雅宣・諸橋知雄 監訳：「4G LTE/LTE-Advanced のすべて（下

巻)」, 丸善 (2015)
2. 岩村, 高橋, 永田：“LTE−Advancedにおけるリレー技術”, NTT DOCOMOテクニカルジャーナル, vol. 18, no. 2, pp. 31−36, 2010.
3. H. Utatsu and H. Otsuka: “Performance analysis of fiber−optic relaying with simultaneous transmission and reception on the same carrier frequency”, IEICE Transactions on Communications, vol. E102−B, no. 8, pp. 1771−1780, Aug. 2019.

【5G NRについて】

1. Share Technote：https://www.sharetechnote.com/Home.html
2. NTTドコモ技術情報：https://www.docomo.ne.jp/corporate/technology/
3. IntechOpen：https://www.intechopen.com/chapters/79928
4. 3GPP資料 TR 36.783：“Evolved Universal Terrestrial Radio Access (E−UTRA); Introduction of 1024 Quadrature Amplitude Modulation (QAM) in LTE downlink (Release 15),” April 2017.
5. 3GPP資料 TS 38.101 Release 15：“5G NR User equipment radio transmission and reception; Performance requirements”, Sept. 2019.

【光通信, 無線信号の光ファイバ伝送について】

1. H. Ohtsuka, O. Kagami, S. Komaki, K. Kohiyama and M. Kavehrad: “256QAM subcarrier transmission using coding and optical intensity modulation in distribution networks”, IEEE Photonics Technology Letters, vol. 3, no. 4, pp. 381−383, April 1991.
2. 菊地和朗 著：「光ファイバ通信の基礎」, 昭晃堂 (1997)
3. 末松安晴・伊賀健一 共著：「光ファイバ通信入門」, オーム社 (1976)

索引

◆ タ 行 ◆

◆ ナ 行 ◆

◆ ハ 行 ◆

◆ マ 行 ◆

◆ ヤ 行 ◆

◆ ラ 行 ◆

◆ 英数字 ◆

〈著者略歴〉
大塚　裕幸（おおつか ひろゆき）
1983 年　北海道大学大学院工学研究科電子工学専攻修士課程修了
1992 年　博士（工学）
1983 年～2010 年　NTT の研究部門，NTT ドコモの研究開発部門に勤務
2010 年　工学院大学教授
現在に至る

無線・移動通信工学の基礎

2023 年 4 月 5 日　　第 1 版第 1 刷発行

著　者　大 塚 裕 幸
発 行 者　村 上 和 夫
発 行 所　株式会社 オーム社
郵便番号　101-8460
東京都千代田区神田錦町 3-1
電話　03(3233)0641(代表)
URL　https://www.ohmsha.co.jp/

印刷・製本　美研プリンティング
ISBN978-4-274-23035-6　Printed in Japan